国家社科基金项目、湖南省哲学社会科学基金重点项目成果

商业广告
伦理构建

徐 鸣 / 著

CONSTRUCTION OF
COMMERCIAL ADVERTISING
ETHICS

社会科学文献出版社
SOCIAL SCIENCES ACADEMIC PRESS (CHINA)

序

在现代社会，如果说有什么东西对人的精神进行钳制的话，那就莫过于技术与商品了。这种钳制的结果就是人类精神的产业化与商品化，以至于出现了人类灵魂的殖民化。自 20 世纪以来，技术研发的不断进步在改造外部世界的同时，也侵入了人的内在领域，人的精神价值再度被商业化，这就是所谓的"文化产业"，用法国大思想家埃德加·莫兰的话来讲，这叫"大众文化"（mass–culture）。大众文化就是根据工业大批量制造生产的，通过传播技术大规模散布的、以社会大众为对象的文化。可以说，没有传播技术和现代广告，大众文化是不可能形成的，而大众文化本身具有"公益性"与"商业性"的分界，广告道德（伦理）就有了"出场"的理由。

就文化的本性而言，它是一种深入个人内心世界，引导其情感的规范、象征、神话和形象的复合体，这种深入是通过投射和同化的精神交流活动实现的，其表现为文化向实践的生活提供想象的支点与向想象的生活提供实践的支点双重路途。正是因为文化传播"想象"与"实践"的双重属性，给广告带来了无限空间，因为广告既是"想象"的结果，也是"实践"的结果。但是，文化的商业化并不能逻辑地使商业文化化（人文化），其中商业广告的"非人化"罪责难逃。换言之，就是商业广告的"想象空间"侵占了人的"实践空间"，是商业"感相"对人的存在价值"实相"的侵犯与侮辱。可见，在商业化社会里，如果商业广告失之人伦、损其德性，则无异于是在杀人放火。徐鸣专攻广告（艺术）设计，后到我门下研习伦理学，在选定博士论文选题时，我毫不犹豫地鼓励他对商业广告伦理进行研究，几年修炼，终成正果，为师除了欣慰还是欣慰。

《商业广告伦理构建》一书在观念层面上分析广告主体道德个人主义盛行的原因，建构有针对性地解决广告伦理难题的规范，在行为层面上有利于在高校设计艺术教育中开展广告道德教育，在人格层面上能有效地消除广告主体道德人格的双重性。其一，能够引起社会对商业广告伦理构建的重视。商业广告伦理的重构，可以为社会提供广告伦理规范，引导、规范广告行为和活动，促进广告业健康有序发展，从而促进中国经济建设和社会主义和谐社会的构建。其二，有助于广告市场中多角关系的平衡，促进广告市场的繁荣。商业广告的伦理失范是广告市场多角关系失衡的结果。通过对商业广告伦理失范的研究、对伦理失范的责任界定，促进广告主体承担相应的道德责任，有利于健康的广告市场的形成。其三，为广告行业规范的制定与法律法规的执行提供启示。新《广告法》与《互联网广告管理暂行办法》的出台，为广告行为和活动提供了依据，然而如何切实有效地执行法律法规仍然是值得进一步探索的问题。

《商业广告伦理构建》通过对国内外广告伦理研究现状的梳理和归纳，分析广告设计的价值负荷，界定广告伦理的本质，开展广告的基本理论研究，对广告伦理的现实困境和根源进行剖析，具有明显的前沿性和创新性。以广告学、伦理学和传播学为研究视角，在建构商业广告伦理原则和规范的同时，全方位地建构商业广告伦理发展的社会协同体系，提出了超越商业广告伦理困境的措施，具有重要的理论价值和现实意义。该论著研究方法科学，引证资料翔实规范，结构逻辑严密，表述准确流畅，确是一本值得向读者推荐的力作。

我怯为他人作序，怕有"做广告"之嫌，好在为弟子作序也是"人伦常理"，也就心安理得了。

是为序

李建华

2018 年 8 月

摘　要

商业广告伦理构建是应用伦理学在广告领域中对具体的、现实的伦理问题之研究，围绕广告的经济利益和社会伦理责任的论证，在任何国家、任何时候都没有停止过。作为商业传播的一种重要形式，广告是展示人世百态的一个重要窗口。广告不但反映了整个社会的道德现状，同时也折射出一个行业、一些传播主体以及受众的道德现状。从形形色色的广告中，我们可以体悟到不同社会阶层、群体的人生观、价值观、幸福观等各种道德形态。广告传播中的道德冲突可以说是所有传播领域中最为严重的。广告伦理对社会产生的深远影响，特别是广告实践中的伦理失范现象，越来越引起广告学者和伦理学者的关注。

本书以伦理学为视角和理论基础，以商业广告为主要研究对象，阐述了广告的本质属性、社会功能及伦理意义；从广告的经济利益和社会伦理责任入手，阐释不同广告行为主体（广告主、广告公司、广告媒体、广告代言人）对广告伦理的影响，并深入解析广告伦理缺失的种种表现形式以及分析背后的深层次原因，在道义论的理论基础上对广告的伦理规范提出若干原则。研究旨在探究和剖析商业广告伦理的学科价值与现实意义，理清广告职业道德、广告环境与广告伦理的关系，最后从社会整合的角度探讨了广告伦理的实现途径，为商业广告伦理学科体系的构建提供了独特的分析视角和富有建设性的建议。本书在理论阐述的基础上运用了大量的实证案例，从实证分析的角度，理论结合实际，以事说理，深入浅出，基于伦理、法律、监管等层面的构建，勾画出商业广告伦理的体系，既有理论上的参考价值，也有实践意义上的可操作性。

关键词：广告；伦理；道德；广告伦理；广告主体

目录
CONTENTS

第一章

绪　论

美国著名广告学家威廉·阿伦斯说过："广告通过玩弄我们的情感，向我们许诺更高的社会地位、知名度以及性感来操作我们的购买行为。"[①] 随着经济的持续增长，中国广告业也保持着高速发展的势头，如何把产品更快、更有效地转移到消费者手中，成为各生产企业和经销商最为关注的问题。为了推销产品、抢占市场，企业和商家往往不惜工本，各种媒介为了自身的利益，纷纷推波助澜，使广告市场的竞争达到白热化程度，消费者时刻身处五花八门的广告"炮火"之中。然而，当商业广告的欺诈行为、道德失范、恶性竞争等社会问题日益严重，给人们的生活带来的威胁愈演愈烈时，商业广告所扮演的角色就越来越受到人们的质疑。这就给我们提出了一个严肃而深刻的问题："商业广告传播中如何确立伦理道德意识，承担起广告应负的社会伦理责任。"[②]

一　问题缘起

如果从市场学视角回顾中国商业广告的成长历程，其大体可以分为这样几个阶段：第一阶段从 20 世纪 70 年代末到 80 年代初，导火索为《文汇

[①]　威廉·阿伦斯：《当代广告学》，丁俊杰译，华夏出版社，2000，第 52 页。

[②]　陈正辉：《广告伦理学》，复旦大学出版社，2008，第 1 页。

报》率先刊发《为广告正名》，这一时期是广告界的思想解放时期，特征为观念革新；第二阶段从20世纪80年代中后期开始到90年代初期，以中央电视台商业广告竞标出现为标志，特征为勇气比拼；第三阶段是20世纪90年代中期至90年代末期，为广告界的创意时期，策划创意成为这一时期最时髦的公共用语；第四阶段为21世纪以来，商业广告的社会责任势必成为我们新的行动纲领，我们不但要加快制度创新和体制创新，还应积极开展商业广告伦理研究，力求建立有中国特色的商业广告伦理学，这也是我们广告人对于"以德治国"战略方针的一种贯彻。

（一）理论价值

广告学学科发展的理论必然绕不开对商业广告伦理学的研究。判定一个学科分类是否具备科学体系、是否具备独立的学术价值，最核心的理论依据是看它是否具有自己明确且专注的研究对象、任务、方法和范围。正如毛泽东同志所言："科学研究的区分，就是根据科学对象所具有的特殊矛盾性。因此，对于某一现象的领域所特有的某一种矛盾的研究，就构成某一门科学的对象。"[1] 显然，商业广告伦理学的研究对象就是广告道德现象，商业广告道德现象涉及的所有领域均是它的研究范围。其目的就是揭示商业广告道德本质及其发展规律，树立社会主义商业广告道德的原则和规范，强化中国广告从业者的职业道德修养，提升整个广告行业的道德水平，使中国广告行业健康快速发展。

（二）现实意义

开展对商业广告伦理学的研究，不仅具有理论建设意义，而且有着实践应用价值，可以为我们树立新的广告伦理原则，解决转型时期显现的伦理失范问题，为广告业提供准确的伦理知识指导，指引广告业的正确发展方向，调节商业广告的内容、创意以及制作等，促进商业广告效果的实现，同时在一定程度上为消费者争取合法权益。与此同时，我们应做好商业广告行业队伍的建设和优化工作。其一，广泛开展商业广告伦理教育，

---

[1] 刘敬东、张玲玲编著《〈实践论〉〈矛盾论〉导读》，中国民主法治出版社，2012，第138页。

提高广告从业者的素质，对广告从业者实行持证上岗制度并严格考核，对于道德素质不合格的人，取消其从业资格。其二，强化社会舆论的监督机制。对于与社会伦理相违背的商业广告应借助舆论的力量使其回到正确的商业广告伦理规范中来。其三，利用行业协会，强化行业监督。个别企业非伦理的商业广告行为导致全行业的信誉和利益受损，广告协会应针对广告行业的特点，制定相应的伦理规则对非伦理的商业广告主体进行处罚，从而规范全行业的商业广告行为，维护全行业的利益。

中国特色的商业广告伦理学研究，必须根植于中华民族深厚的文化积淀之中，同时又能以批判的理性自觉吸纳外来文明中的优秀文化精华，且符合当今中国转型期社会发展规律的学理范式及思维观念。应坚持对待一切民族优秀的伦理思想既兼收并蓄又和而不同的积极态度。世界各国对商业广告伦理都非常重视，发达国家的商业广告伦理要求和制度规范建设是比较全面具体和详尽的，对经济建设和社会全面发展起到了积极的作用。我们必须坚持运用马克思主义的思维方式，辩证地历史地看待和分析在发展社会主义市场经济、中国改革开放的历史进程中所形成的道德行为与经济行为的相互关系与时代特点。显然，这是一项系统工程，需要我们持续的共同努力。

（三）发展前景

综观我国的广告伦理道德体系的建设，借鉴世界各国伦理建设的"亮点"和经验，我们可以得出结论，开展对商业广告伦理学的研究，有着重大的意义和广阔的前景。

第一，通过对商业广告伦理的研究，我们可以了解在比较完善的市场经济条件下，如何加强对广告行业的监督和管理，如何从宏观层面来规范商业广告行为和商业广告市场，从而推动我国商业广告活动的规范化、制度化，加速广告产业的升级，缩小与国际广告水平的差距，使中国广告业继续健康快速发展。

第二，进一步树立法制观念，在越来越完备的法制条件下，实现广告行业法律、行政规范的系统化，增强执法的可行性。注重法律和行政手段的配合，注重社会伦理要求，使一切广告活动都既能符合我国国情和民俗的要求，又特别注重对"人"的尊重与保护。作为商业广告三大主体的广告主、广告公司、广告媒体，自然需要遵照法律和规则来进行广告活动，同时作为商业广告信息的终极受众——消费者也有必要在用法律和规则保护自己权益不受侵害的同时，提高自己的鉴赏素质和道德觉悟。

第三，有针对性地开展广告伦理研究，结合我国国情和广告行业实际，不断加强和完善对广告业的职业道德建设。在制定法理、执行法律的过程中，不断提高商业广告各主体要素的整体素质，尤其是管理者、执法人员的法制观念和依法办事能力，真正做到有法可依、有法必依、执法必严、违法必究，适应社会主义市场经济发展、社会全面进步的客观要求，适应全球一体化所面对的世界范围内的激烈竞争。

第四，有助于广告从业人员的自我剖析，有利于广告从业者素质和职业道德的提高，净化广告信息传播的源头以及广告传播的环境。同时，和谐社会的本质属性也要求广告从业者们能够增强自己的道德伦理意识，从每个人做起，规范自己的思想和行动，以此来推进广告职业道德建设的进程，更加默契地配合和谐社会的建设和发展。

第五，专业性的研究有助于广告业内的学者以及实战者们意识到阻碍中国广告业发展的因素，从源头上消解存在于广告传播过程中的道德问题，同时能够给予站在广告产业最前沿的"排头兵"以灵感，促使他们突破固有环境、突破固定思维、突破自己，创新中国广告业升级的道路，给世界广告产业宝库添加一笔丰厚的财富。

二 相关概念

什么是伦理？什么是商业广告？什么是广告伦理学？什么是道义论？广告伦理学具有哪些基本功能和价值？这是我们在道义论视域中研究商业广告伦理学必须明了的几个基本问题。

（一）定义关联

广告伦理是指在广告活动中，以广告传播为中心、以广告活动所形成的经济、文化、社会关系以及蕴含在这些关系中的伦理价值观为研究对象，揭示广告传播活动中伦理道德的形成、发展和发挥作用的规律，从而为广告传播活动确立价值准则，提供实践依据。

伦理和道德这两个概念，不论是在学术研究还是在生活当中，通常等同使用。但在传统文化中，伦理更多的是针对非个体，正如著名的伦理学者李建华教授所言："伦理研究的是道德在一般社会中产生、发展的规律和规则。"① 而道德主要是指内化于个体的道理和理论。

在实际形态中，伦理与道德是可以通用和交互的概念；但是在理论形态中，它们又有一定的区别。道德是客观见之于主观的看法，主要指个人的道德修养及其结果；而伦理主要指客观的道德法则，具有客观性和社会性。我们关注的伦理其实就是社会整合的道德环境与个人道德意识、修养的互动过程与互动效果。一方面，受道德氛围的影响，人们具有一定的价值标准与评判理念；另一方面，人们又在长期的社会演进中通过不断对世界、对人性认知的深化促进了伦理内涵与外延的纵深扩展。

1. 道义论

道与义合称道义，大约最早出现在《易传·系辞上》之中："成性存存，道义之门。"《管子·法禁》篇中也有"道义"一词："德行必有所是，道义必有所明。"按照《辞海》的解释，"道义"一词在现代汉语里主要是指人道与正义。就中国而言，儒家伦理占主导地位，其本质上就是一种道义论，在儒家伦理中，道义论，始终是主流派。

孔子所谓"君子喻于义，小人喻于利"（《论语·里仁》）。"君子忧道不忧贫。"（《论语·卫灵公》）"君子谋道不谋食。"（《论语·卫灵公》）孟子见梁惠王说："王！何必曰利？亦有仁义而已矣。"（《孟子·梁惠王上》）"生亦我所欲也，义亦我所欲也，二者不可得兼，舍生而取义者也。"（《孟子·告子上》）

董仲舒说："正其义不谋其利，明其道不计其功。"（《汉书》卷五十六《董仲舒传》）这是儒家道义论伦理观最典型的表述。宋明理学中，朱熹、二程"存天理，灭人欲"之说，更是极端的道义论。

在西方道义论也被称为义务论，是只强调主体的"应当"或"道德命

---

① 李建华、曾钊新：《道德心理学》，中南大学出版社，2002，第3页。

令"，而不论道德原则具体内容的伦理学说，康德是这种道德理论的奠基者。义务论由三个逻辑环节构成。第一，义务即责任，其本质是尊重理性规律而产生的行为必然性。第二，义务作为行为的主观原则在任何时候都必须同时能够当作客观的普通原则。第三，道德法则是人制定的，人的意志就是立法的意志。

康德哲学被誉为近代哲学的一个"蓄水池"，康德以前的哲学都流向康德，而康德以后的哲学又都从康德这里流出去。康德是研究西方哲学不能绕过的一座桥梁。康德是西方哲学史上最伟人的哲学家之一，在哲学领域创立了系统而又典型的道义论伦理学。

道义是一个表示责任的概念。所谓道义伦理学，就是以"道义"为伦理基础的伦理学，它的基本特征在于将道义作为道德追求的最高目标，以及作为道德判断的基本准则，注重行为的内在动机，即行为是否出于对道德责任的尊重，是否源自某种道德义务。从理论渊源上说，包括古代亚里士多德在内的希腊先哲，以及近代以来诸如笛卡儿、斯宾诺莎、莱布尼茨、卢梭等人，都为道义论伦理学的产生和完善作出了积极贡献，康德则将近代道义论伦理学推向了顶峰。

内心的道德法则，是康德所说的两种伟人的东西之一，是道德哲学也是伦理学的研究对象。要了解康德所说的道德法则，必须先了解康德对人的理解。在人性问题上，康德既肯定人的感性存在，又肯定人的理性存在。肯定人的感性存在，表明康德对于文艺复兴以来人道主义传统的继承；肯定人的理性存在，表明康德对于近代社会理性崛起的认同。在道德领域，康德则坚决主张人之理性存在的崇高地位。

康德认为，人的行为动机也是意志的动机，或者决定于感性，或者决定于理性。而人是感性与理性的统一，那么，我们究竟应该以经验的内容作为行为的动机，还是应该以理性形式作为行为的动机呢？根据康德的看法，正如我们在自然界必须遵循自然规律一样，在道德界也必须遵循道德规律，只有这样，我们的道德行为才能具有普遍性。

道德规律源自理性，只有理性才是普遍的。康德指出，如果我们的行为动机决定于经验内容，那么实践原理就不可能提供普遍的实践法则，因为一切经验内容都是以个人的主观感受为基础的，因而是偶然的、各不相同的。如果我们的行为动机决定于理性形式，实践原理就能提供普遍的实践法则，因为理性形式作为一种纯粹的形式，对于一切有理性的存在都是共同的，因而是必然的、全部如一的。

康德的道义论伦理学是一种纯粹立足于理性形式的伦理学，即所谓的超越经验的伦理学，只有这种伦理学才具有必然性和普遍性。他反对功利论伦理学和从神的意志引出的道德原则的伦理学。康德伦理学的核心问题是自由和自律。自由是他构建超越经验之伦理学的出发点。康德区分了两个世界，即感性世界和理性世界。感性世界是现象世界、事实世界，属必然世界，而理性世界是本体世界和价值世界，是一个自由世界。所以在理性的道德世界之中，人是自由的人，具有自由意志。

正是这个自由或者说这个自律，构成了道德的最高原则，是道德法则的根据和来源，它使遵循道德法则在客观上成为必要。在伦理学领域，理性之人自己为自己颁定的道德法则成为道德选择的唯一依据，也是道德判断的最高标准，凡是符合道德法则的意志就是善良的意志，出于善良意志的行为就是善的行为。

康德认为伦理学不仅要追求善，而且要追求至善，故而提出了幸福问题。他把至善作为最高的道德理想，认为至善是德性与幸福的统一。他的这一做法，无疑包含了在人之理性的基础上将人的理性与感性加以某种统一的思想，也包含了在道德形式之上将道德形式和道德内容加以某种统一的思想，乃至包含了在道义论的基础上将道义论与功利论加以某种统一的思想。

德性为人配享幸福的一种价值，有德性的人应该享有幸福。通俗地说就是好人应该有好报，但是，现实社会中并不一定如此。也因为如此，伦理学中才会存在德性与幸福的矛盾。康德认为，虽然对幸福的追求不可能成为产生德性意向的根据，但在某种条件下，德性意向能够产生幸福。将幸福和德性统一起来，是一个非常好的愿望，但很难。虽然，康德把它们统一在至善这个概念中，但至善对于人类来说不具有现实性，在他看来至善只是一种理想，如果说能够实现的话，那也只能在彼岸世界。

2. 商业广告

广告一词源于拉丁语"Adverture"，其意思是吸引人们注意，后演变为英文中的"Advertise"，其含义也演变为某人注意某件事。

人们对广告的认知一般有广义和狭义之分。广义的广告包括不以营利为目的的广告，这类广告主要包括政府公告，政党、文化教育团体、宗教团体等的启事、声明，以及防止水土流失、保护野生动物、促进社会和谐等方面的社会公益性广告，一般由各种广告媒介单位免费提供广告的空间和时间，创造人员免费提供广告的设计和制作。狭义的广告是指营利性的经济广告，即商业广告，也是本书研究的对象，下文中广告泛指商业广告。在现实生活中，绝大多数人所理解的广告实为商业广告。国内外学者对广告的看法大体相同，但在具体表述上却又是有区别的，其中有代表性的大致有以下几种。

美国广告主协会认为：广告是一项付费的大众传播，其最终目的是传播情报，改变人们对广告商品的态度，诱发行动，而使广告主得到利益。

美国著名广告学家威廉·阿伦斯对广告下过这样的定义："广告是由可识别的出资人通过各种媒介进行的有关产品（商品、服务和观点）的、有偿的、有组织的、综合的、劝服的、非人员的信息传播活动。"[①]

21 世纪以来，许多学者使用对广告的这样一个定义：广告是一种有偿的大众传媒，其最终目的在于传达商业信息，为广告主创造有利的态度，并诱使广告对象采取购买商品或劳务的行动。

也有学者对广告作了如下界定：广告是广告主以付费方式有计划地运用媒体将有关商品或服务的信息传递给消费者，唤起消费者的注意，并说服消费者购买使用的一种信息传播活动。

综上所述，可以这样定义广告：所谓广告，是广告主以付费的方式，通过大众媒介，将有关的商品、服务、概念等向不特定的公众进行非当面的传播，以期公众接受并自觉采取行动的活动。

3. 广告伦理

广告对经济发展的促进作用有目共睹，商业广告创造了或正在创造一个又一个商业奇迹，改写了或正在改写一部又一部企业发展史。另外，商业广告在构建人们的现代观念、移风易俗、增加艺术审美情趣等方面也有不容忽视的作用。但正如曾钊新所说："哪里有高昂的呐喊，哪里就有萎

---

① 威廉·阿伦斯：《当代广告学》，丁俊杰译，华夏出版社，2000，第 7 页。

靡的呻吟；稗草与禾苗同生；死亡依附生命。物无不成对，事必有多义。只要我们顺着正面文化的亮点寻觅，都会发现相应的阴影。"① 商业广告的负面影响同样不能忽视，商业广告信息的严重超载使广大消费者根本没有时间辨其真伪，这是虚假广告产生的一个重要原因。这还只是问题的表象，从更深的层面考虑，我们会发现，商业广告作为一种文化传播行为，以其提供的认知方式和认知内容影响并塑造着社会的整体知觉，而一些错误的不合时宜的观念、意识巧妙地隐藏在商业广告作品中，潜移默化地影响着受众的思维方式和行为方式。

所谓商业广告伦理是指广告参与者在商业广告活动中所发生的人与人之间的行为规范和准则，其中最主要的是商业广告与消费者关系的行为准则与规范。商业广告伦理涉及广告主、广告制作者、广告发布者和受众即消费者四个层次。商业广告行为本质上属于社会行为，商业广告伦理本质上是广告道德问题，也会受到"社会运行中的道德问题、社会交往中的道德问题、人在社会中的道德问题、社会生活中的道德问题"② 的影响。因此，商业广告伦理必须服从于整个社会的伦理。

（二）学科性质

广告伦理学（advertising ethics）是研究如何将道德标准应用于广告决策、行为和机构的系统科学。值得注意的是，被批评为"不道德的"广告活动同时也可能是违法的。而某些合法的但仍引起争论的广告也同样值得关注，因为它们无法达到社会公众所期望的道德水平这一伦理标准。

任何一个学科都有它自身特定的研究目的，在与其他学科的差异和联系中体现自己的存在价值。因此，广告伦理学作为一门新兴的交叉或边缘学科，首先必须明确自己的性质，确定自己的研究范围。

随着我国广告事业的飞速发展，广告已经成为社会生活的重要组成部分，广告与伦理的关系不仅越来越密切，而且越来越显著。广告与伦理的关系问题受到了社会各界的广泛关注。广告界认识到广告或广告活动中有

---

① 曾钊新：《伦理十讲》，湖南教育出版社，2006，第109页。
② 曾钊新、吕耀怀：《伦理社会学》，中南大学出版社，2002，第6～7页。

许多不容忽视的伦理问题；教育工作者意识到广告对人们的思想、道德和行为产生的深刻影响；文化研究者感觉到广告对我们的社会文化系统具有解构功能；而广告管理部门发现广告管理和规范有着许多伦理上的学问；伦理学家感受到广告对社会的伦理与道德起到一定的反映和推动作用。

广告伦理学属于伦理学的范畴，或者说它是伦理学的一个分支，立足点是伦理道德，它首先把广告看作一种伦理样态或伦理样式，如同风俗礼仪一样，是整个伦理系统的组成部分，进而研究这一伦理样式在人类伦理系统与环境中的价值和功能，以及广告这种伦理样式与其他伦理样式之间的关系。因此广告伦理学研究的侧重点是伦理问题，而不是广告问题。

（三）研究对象

概括地说，广告伦理学的研究对象是广告伦理，即广告活动有关的伦理现象，它包括两方面的含义：一是与广告和广告活动有关的伦理因素，二是广告与伦理的关系。前者是指广告中的伦理观念、道德准则、文化观、审美观、人生观、价值观等；后者是指广告与伦理的反映关系、制约关系、利用关系及引导和催化关系等。广告伦理学不仅要研究与广告有关的各种伦理因素，更重要的是要研究广告活动如何受伦理环境的制约，如何反映社会伦理，如何利用伦理标准以增强广告的功能，又如何传播伦理道德观，影响和促进社会伦理的发展，找出其中的原理和规律。

广告和广告活动有着自己的运作程序、内容和形态，包括广告调查、广告策划、广告设计、广告制作、广告发布、广告效果及广告管理等，同时它总是处于一定的外部环境中，它的发生、存在、发展以及呈现形态受到外部因素的影响，并反过来作用于外部环境。我们姑且称前者为广告的"内在"领域，称后者为广告的"外在"领域。伦理环境是广告的外部环境之一，伦理因素是广告的外部因素。广告与伦理的联系非常密切，这里的道理在于："伦理道德作为一种与文化传统相联系的意识形态，必定会对人们的精神取向、人格素质和工作态度发生重大影响，而人们的精神取向、人格素质和工作态度，不仅决定人们是否把主要精力投入与经济发展相关的事业中去，而且会作为人力资源对经济发展产生‘质’的影响。"①
当然，广告伦理的表现是多方面的，广告伦理学也是一门将广告内在领域
与广告的外在领域结合起来研究的应用伦理学科。

1. 广告与伦理的反映和制约关系

伦理无处不在，不仅影响着人们的思想、情感和行为，也影响着广告
活动的各个环节和参与广告活动的人，广告伦理学要研究广告与伦理的
"反映关系""制约关系"。广告和广告活动发生在特定的伦理环境中，许
多伦理因素都会在广告中反映出来，伦理因素又制约着广告和广告活动的
过程。在这方面，广告伦理学需要研究以下问题：广告运作、广告内容和
广告形式是如何反映伦理的；广告运作、广告信息选择和广告创意如何接
受伦理环境的制约；广告信息传播受到哪些伦理因素的影响；受众在广告
信息选择、认知、接受过程中如何受伦理因素的制约。以上这些问题需要
从广告活动的生成到广告效果的产生过程中的各个环节、各个方面去考察
研究。

2. 广告与伦理的利用关系

广告和广告活动并不是一味被动地反映伦理和受伦理制约，其强烈地
表现着人的主观能动性和创造性，这种主观能动性和创造性表现在广告活
动的参与者对伦理的利用关系上，即利用伦理为实现自己的推销目的服
务。广告主或广告人为了取得满意的广告效果，推销商品和服务，会千方
百计地利用各种伦理因素提高广告的劝诱力和推销力。他们针对受众的伦
理道德标准选择广告信息，运用伦理素材，确定广告主题和广告表现形
式，传播消费观念。而受众则利用伦理环境、伦理标准和价值观理解广告
中的符号、素材、表现形式、信息和观念，并根据自己的理解对广告信息
作出思想、情感或行为上的反应。因此在广告的伦理利用中要研究这样的
问题：广告如何利用伦理环境和伦理因素提高其劝诱效果和推销力，广告
和广告活动中的伦理因素是通过何种方式表现的，受众是怎样利用伦理道
德观对广告进行解码并作出反应的，广告是如何将伦理因素"移植"到商
品或服务中的，广告传播者与受众信息交流的伦理基础是什么。

---

① 龙兴海：《道德观察》，湖南人民出版社，2008，第 111 页。

以上这些问题需要把广告、广告人和广告主、受众置于特定伦理环境中，从广告创造、广告表现、广告策略、广告审美、广告认知、广告说服等方面考察和研究各种伦理心理。

3. 广告与伦理的引导和催化关系

广告对伦理具有"引导"和"催化"的作用，广告具有"教育"作用。人们不仅在广告中学习商品或服务传达的信息，还学习到许多观念，包括人生观、价值观、消费观，并对人们的意识形态、思想观念和行为方式产生影响，尽管有时候这些影响是潜移默化的，但它最终作用于伦理环境的发展变化。这种作用可能是积极的，有利于社会伦理的进步和发展；也可能是消极的，阻碍伦理的进步和发展。因此在广告对伦理的"引导"和"催化"关系方面主要研究以下问题。

其一，广告是怎样影响人们的意识形态、思想观念和行为的。

其二，广告在伦理发展和演进中扮演什么样的角色及发挥什么样的功能。

其三，广告批评体系中的伦理道德标准如何确立。

其四，如何规范广告和广告活动，使之有利于社会伦理和道德的进步和发展。

其五，广告人或广告主应有的社会责任、职业道德和文化素质是什么。

研究这些问题不仅要着眼于广告对社会伦理影响的结果，即广告对文化产生什么影响，而且要探究广告影响社会伦理的机制，即广告是如何影响社会伦理的。

三　文献综述

中外学者关于伦理学问题的探讨为广告伦理问题的研究提供了丰富的理论基础。人本主义伦理学、生态伦理学以及经济伦理学等理论对广告伦理问题的研究有极大的理论意义和实践意义，从这些伦理学领域新的发展趋势来关注广告活动，将会给我们提供一种与以往不同的全新视角和理念。

（一） 国外研究现状述评

虽然说东西方在价值观上存在很大的不同，但是，一些基本的伦理道德戒律，还是相通的。

第一，亚里士多德的中庸之道："精神美德就是在两个极端之间的正确位置。"① 这种伦理思想与孔子的中庸思想并无二致，他们都主张在两个极端之间寻求一种合理的、尽量不偏不倚的选择。由于亚里士多德对品德的强调，即他认为一个人的外在行为是其内在品格的反射，因而其伦理准则的应用前提是一个具有理性、诚实、正直的行为主体。

第二，康德的道义论。康德成为道义论说的代表，是因为他认为一种行为是否道德，在于行为的动机和出发点是不是道德的，即为了道德而道德，而与行为的结果无关。康德强调的是理性，认为道德法则就是由理性产生的，体现理性的要求。康德强调的能产生道德的理性是一种道德的责任，它不是一种仁慈。基于仁慈建立的社会，是不平等不自由的社会。这里的仁慈，是一种偶然，责任是必须尽的，对任何人都是一致的，对人有普遍的约束力。责任来自冲突，责任就是一种义务。所以，理性不是动力，不是目标，而是控制我们欲望的。但是康德的理性确实使我们产生畏惧感。"理性人的行为都是有目的的，要我们按理性去做，即理性自身的动机。"②

康德认为我们考察一种行为是否道德，要考察两点：一要考察行为本身是否正当，二要考察行为动机是否出自对道德本身的尊重。他认为，如果一种行为符合其道德法则，是这个行为道德的必要条件，而只有这个行为本身的动机是出自对道德本身的尊重才算道德行为，即这个道德的动机是行为人内心的善良本质。"一切自然的行为皆为非道德，虽同情亦然，唯为义而行义乃为至高之德……"③ 这就体现道德对道德法则的尊重。道德是一种义务，而一种行为必须是为道德而道德，为义务而义务，动机不能出自其他任何原因。他强调一种纯粹绝对境界，拒斥人的情

---

① 亚里士多德：《尼科马克伦理学》，廖申白译，商务印书馆，2006，第49页。
② 《康德三大批判合集》，邓晓芒译，人民出版社，2009，第57页。
③ 《康德三大批判合集》，邓晓芒译，人民出版社，2009，第137页。

感和对于利益的考虑。康德伦理学实质上的要求绝不仅仅是一种行为的外在体现，还包括主体内心对道德的内化和尊重，对康德来说，后者更为重要。

第三，边沁的功利主义。所谓功利，在边沁看来，就是一种人们趋利避害的特性，即给当事者带来快乐、善或幸福，或防止给当事者带来痛苦、恶或不幸。痛苦本身是一种恶，而且是唯一的恶。他进一步认为，动机本身本无善恶，只是根据其产生的效果才会有善恶之分。在这个意义上，动机善是由于它有产生快乐或阻止痛苦的趋势，动机恶是由于它有产生痛苦或阻止快乐的趋势。从这里可以看出，边沁的理论在结构上只是一个原则，即最大程度地产生快乐和减少痛苦。但是，这样又过于简单化。因为我们除了快乐之外还有其他价值，如公正。所以功利主义把追求快乐作为唯一善的简单处理本身就错了。[①]

边沁坚信这样一个公理：自然把人类置于两个主宰——苦与乐的统治之下，只有这两个主宰才能向我们指出应做什么和不应做什么。人们应当根据某一行为本身所引起的苦与乐的程度多少来衡量该行为的善与恶。由此形成了边沁的系统的功利主义刑法理论。边沁的功利主义刑法理论内容主要有以下几点：其一，个人能够体验痛苦和快乐；其二，各种痛苦和快乐是可分辨、可命名的，而且也是可以列举穷尽的；其三，痛苦为恶，快乐为善；其四，现实生活及社会目的在于最大限度地增加快乐和减少痛苦。在边沁看来，求乐避苦是人性的根本，任何人都难以逃脱求乐避苦的法则，快乐是一切行为的依据，同时又是一个终极的道德原则，即功利原则。这个原则要求我们选择能给每个相关人带来最好结果的行为或社会政策。[②]

第四，基督教"爱的哲学"。如奥古斯丁所言：天赐的爱是最高的善，上帝的精神实质就在于他怀有无限的、自生不息的爱。因而，在基督教传统中，"像爱自己一样爱你的邻居""兄弟之爱"就是一种对他人负责、忠诚的伦理道德。

---

① 伯纳德·威廉姆斯：《超越功利主义》，梁捷译，复旦大学出版社，2011。
② 伯纳德·威廉姆斯：《超越功利主义》，梁捷译，复旦大学出版社，2011。

第五，罗尔斯的"无知之幕"。他认为"只有当忽视一切社会差别时，正义才会出现"。[①]"无知之幕"的理论正是要求社会各方从生活中的真实情况退回到一个消除了所有角色和社会差异的隔离物后面的"原始位置"，被当成整个社会的平等成员，根据各自的利益进行协商和讨论，以保障整个社会的公正。

广告伦理的研究在西方世界已受到了哲学、经济学、法学、社会学等诸多学科的关注，美国是当今世界广告业最为发达的国家之一，也是提高广告效果与净化广告环境运动的最努力者之一。美国对广告道德的真正研究始于 20 世纪 60 年代。二战后美国在恢复经济的基础上，实现了经济的快速发展，同时也产生了一系列违背道德的广告行为。20 世纪 80 年代，正是美国广告伦理全面发展的时期，研究广告伦理与销售中的广告道德的国家和地区扩大了，从美国扩展到了西欧、日本、澳大利亚及新加坡等经济较发达的国家及地区。20 世纪 90 年代，对广告伦理及营销道德的研究从发达国家扩展到了发展中国家。这一时期采用了新的跨学科研究的方法，即综合应用管理学、经济学、社会学、心理学和法学等学科中的新方法。

综上所述，西方和日本学者平面广告道德研究的主要特点是：理论研究同实证分析相结合，侧重从伦理角度分析平面广告战略与决策；综合应用伦理学、市场营销学、组织行为学等多门学科中的方法进行研究。

（二）国内研究现状述评

广告伦理学的建构在我国有着深厚的思想文化根源。广告行为作为一种"传播"现象，与我国传统的伦理道德思想有着无法割裂的历史亲缘。1994 年《中华人民共和国广告法》颁布，中国广告法律体系初步形成。《中华人民共和国广告法》和随后不断颁布的各项广告补充法规，在法律的范围内，不断规范着广告行为。我国学术界对广告道德的研究始于 20 世纪 90 年代，同一时期营销道德问题正式进入我国学者的研究视野。

李小勤较早从市场营销和伦理道德的角度对广告伦理进行了研究，探

---

① 罗尔斯：《正义论》，廖申白译，中国社会科学出版社，2009，第 84 页。

讨了广告中利润与道德、宣传与夸张两对矛盾产生的内部与外部原因，对它们的表现形式从法律规范与纯粹伦理道德规范两个层次进行了归类与分析。① 其主要从市场营销的角度探讨伦理道德问题，对广告伦理问题的分析限于操作层面，缺乏对广告伦理清晰的理论界定和整体深入的分析研究。

张金花和王新明对社会主义广告道德进行了较为系统深入的研究和探讨，提出了一个研究广告道德问题的独特的视角，理论功底也相对厚重。但是，他们认为社会主义广告道德固然有其值得研究的特殊性，然而，广告作为超越意识形态和政治制度而普遍存在的一种社会现象，应该具有更广泛和普遍的伦理意义。② 比较而言，资本主义国家的广告业比社会主义国家成熟和发达，相关制度也更为完善，影响也更为深远。因此，仅从社会主义广告道德的角度来谈广告道德问题未免失之偏颇，缺乏普遍意义和代表性，不能从整体上、根本上揭示广告伦理的本质特征。广告伦理应该具有超越政治意识形态性的更普遍意义上的内涵，对广告伦理的本质把握也需要进一步深入。

陈汝东在《传播伦理学》中用专门的一章来探讨广告传播伦理问题，简要论述了伦理属性和广告传播的特点，指出广告对社会道德同时具有消解和建构功能，着重阐述了广告的失德现象及其负面影响，并对广告道德规范建设提出了有益建议。③ 遗憾的是书中对广告伦理的理论研究比较单薄，不够系统深入，对广告的评价和论述也不够全面公允，对广告失德行为的阐释也失于表面和肤浅。当然，指望仅仅用一章的篇幅就能够详释广告传播伦理问题也是不现实的。

陈正辉对广告伦理进行了比较全面的论述，对广告传播中的广告环境、广告主、广告公司、广告媒体等方面的广告伦理问题进行了分门别类的阐释，分析了广告伦理缺失的表现形式，探讨了广告伦理的实现途径等。④ 这种对于建构广告伦理学科体系的努力和尝试应该给予充分肯定，

① 李小勤：《广告伦理：面对难以躲避的诱导》，山东教育出版社，1998。
② 张金花、王新明：《广告道德研究》，中国市场出版社，2003。
③ 陈汝东：《传播伦理学》，北京大学出版社，2006，第252页。
④ 陈正辉：《广告伦理学》，复旦大学出版社，2008。

其全面性也超越了以往其他关于广告伦理的零碎化、片面性的认识。遗憾的是，该书似乎对广告伦理的实质问题缺乏深度探讨，在理论上还有待进一步挖掘和系统化。

广告发展到今天，尽管遭到了许多非议和诘难，但是其所呈现出的依然是一派欣欣向荣的景象。广告的功用也从经济领域向政治、文化领域拓展。近年来，学者们对广告理论问题的研究也越来越系统和全面。广告学者饶德江认为，广告的政治、道德文化作用主要体现在三个方面：一是表现爱国情感和宣扬民族精神；二是宣扬政治观念、方针政策和参与政治选举；三是用公益广告来倡导社会公德和良好的道德风尚。广告的经济文化作用主要体现为商业广告与公益广告的联姻，商业广告经济目的的实现通常是经由显示出更多的公益性来达成的。在不少优秀的广告作品当中，我们看到了生生不息的中华民族精神；扬善抑恶、注重人格和道德修养的伦理精神；顺应自然、社会规律的"天人合一"的观念。①

饶德江从理论的高度对 20 世纪的广告批评进行了系统总结，他认为该时期对广告大多持赞扬肯定的态度，广告在促进销售、刺激消费、支持经济增长方面发挥了积极的作用。广告是经济活力的源泉，刺激并促进了经济增长；广告传播了丰富的商业信息，为消费者选择商品或服务提供了依据和参考，也为企业及其产品进入市场创造了便利，同时还带来了更多的就业机会；广告促使生产销售向集约化、规模化方向发展，从而降低了单位成本；广告推动了技术进步和产品革新的进程，加快了社会对新产品、新技术的接受、使用和对落后产品及工艺的淘汰速度。广告激发了人的消费力，促使个人不断努力，也刺激了生产。与此同时，广告学家还认为广告影响人们思想观念、人生态度的形成。② 广告是影响社会的一个很重要的力量，广告改变了人们的生活方式，丰富了人们的生活内容，提升了人们的生活质量，激起了人们对美好生活的向往。

---

① 饶德江：《现代广告与文化创新》，《武汉大学学报》（人文科学版）2001 年第 5 期。
② 饶德江：《现代广告批评解读》，《现代传播》2003 年第 6 期。

刘上江在《后现代的焦虑——试论批评家眼中的广告文化》① 一文中详细分析了广告文化批评，揭示了广告文化所隐含的深层忧患。比如对广告体现的文化霸权的忧患、对广告形象的类像与复制的忧患、对性别不平等的忧患等。

舒咏平注意到广告公信力的缺失问题。② 由于传播环境和市场环境的巨大变化，广告这种大众消费时代充分利用大众传播的优势劝服和告知消费者的形式面临重大挑战。他指出广告公信力缺失的原因有四个：一是"信息不对称"造成广告传播公信力天然缺失；二是"公信力"科学评价难度的制约；三是广告传播中过度重视"注意力"而对"公信力"造成挤压；四是广告传播中感性诉求压制了理性诉求，理性成分的减少也不利于公信力的培育。

针对目前广告所表现出的一系列问题，饶德江教授提出了新广告的概念，抛弃了传统的"广告即销售"的观念，彰显以人为本的思想，体现广告的人文精神。他指出，销售观广告是 20 世纪主流广告的显著特征，在充分肯定销售观广告对 20 世纪经济和社会发展产生了巨大影响的同时，他也明确了这种广告观存在的问题和弊端：销售观广告以侵犯、说服、诱导等诸多方法和手段推销产品，大多表现出片面宣扬物质利益和追求物质享受的导向。如果说销售观广告在工业社会利大于弊，那么，在人类由工业时代向信息社会演进的过程中，其弊病则日益明显，需要"彻底改革"。③ 正如 USP 理论的创始者罗瑟·瑞夫斯所言："广告确实很重要。但总是以销售论广告的成败可能会铸下大错。""一个车轮有很多辐条，谁能说出哪一根在支撑车轮呢？"④ 人本观新广告正是对销售观广告的改革和超越，人本观是新广告的灵魂和核心。以人为本的广告观，在重视人的合理的物质需求的同时，高度重视人的精神需求和人的价值，反对用物化的价值、异化的价值遮蔽和压抑人的价值，用物欲的膨胀挤压人的精神空间；以人为本

① 刘上江：《后现代的焦虑——试论批评家眼中的广告文化》，《现代广告》2002 年第 5 期。
② 舒咏平：《广告传播公信力的缺失与导入》，《新闻大学》2004 年第 6 期。
③ 饶德江：《新广告与人本观》，《光明日报》（理论版）2001 年 8 月 21 日。
④ 罗瑟·瑞夫斯：《实效的广告》，张冰梅译，内蒙古人民出版社，1999，第 4 ~ 5 页。

的广告观，即广告以人为主体和目的，广告宗旨有利于人的全面发展。[①]

广告学者张金海[②]对 20 世纪的广告理论进行了系统梳理和研究，在学界引起了强烈反响，为 20 世纪广告理论研究领域作出了重要贡献。他针对 20 世纪广告传播发展的现实情况，分析论述了这一时期广告理论发展的主要特点和历史脉络，把 20 世纪广告理论及其发展分为三个时期。

第一个时期是 20 世纪初到 20 世纪 50 年代，是产品推销期。与之相应的有三大理论流派：一是以克劳德·霍普金斯、阿尔伯特·拉斯克尔、约翰·肯尼迪为代表的硬性推销派，或称"原因追究法派"；二是软性推销派，或称"情感氛围派"，以西奥多·麦克马纳斯、雷蒙·罗必凯为代表；三是科学推销派，以罗瑟·瑞夫斯的独特销售主张（Unique Selling Proposition，简称 USP 理论）为代表。

第二个时期是 20 世纪 60 年代，是广告理论的重要转型期，美国广告史上称这一时期为创意革命时代，以大卫·奥格威、威廉·伯恩巴克、李奥·贝纳为代表。这一时期广告的中心问题由"说什么"转变为"怎么说"，特别是奥格威品牌形象理论的提出在广告传播中具有特殊的意义。

第三个时期从 20 世纪 70 年代开始一直持续到 20 世纪末，这时广告传播进入新的理论发展时期。这一时期广告传播理论的发展非常丰富，由单一走向系统与整合，确立了以营销和传播为广告理论的两大基石。张金海还对 20 世纪的广告传播理论进行了分析和检讨，指出了未来广告传播理论的发展方向。

从上述对广告传播问题纷繁复杂的评析中，我们可以寻找到一个比较全面的理解和认知，以对广告传播伦理进行系统检讨，在从工具理性的角度分析广告传播的同时，更注重对其中所蕴含的价值理性进行研究。

近年来广告学方面的书籍出版可谓呈现出一派欣欣向荣的景象，各出版社争先恐后，广告书籍几乎可与畅销书并列。然而，位于操作层面的形而下者好似过江之鲫，有理论高度的学术佳作则凤毛麟角。笔者在中国知识资源总库（CNKI）以"广告伦理"为关键词进行检索，检索出博士学

---

① 饶德江：《新广告与人本观》，《光明日报》（理论版）2001 年 8 月 21 日。

② 张金海：《20 世纪广告传播理论研究》，武汉大学出版社，2002。

位论文 0 篇，硕士学位论文 26 篇，其中哲学类 5 篇；以"广告""伦理"为关键词进行检索，检索出博士后学位论文 1 篇，硕士学位论文 75 篇，其中哲学类 9 篇，艺术类 3 篇。这些文章都是以经济学为主，关于广告伦理学的研究寥寥无几。基于道义论的视域研究广告伦理必须以东西方经典思想理论为基石，吸收并运用这些经典理论建构广告伦理学的理论体系以解决广告活动实践中出现的问题是本书的立足点和出发点。

四　学科概述

道义论视域中的广告伦理研究是介于广告学、伦理学、传播学、经济学、社会学等学科之间的一门交叉性学科。① 从伦理学的角度来说，它属于应用伦理学的范畴；从广告学的立场来看，它属于理论广告学的范畴。

（一）理论基础

广告伦理学是研究如何将伦理道德标准应用于广告决策、行为和机构的系统学科。总的说来，广告伦理学的理论基础是伦理学理论和广告学理论，这是由其交叉学科的性质决定的。广告伦理学聚焦广告，将广告放在伦理环境中加以审视和剖析，这既需要以广告学科自身的基本概念、范畴和理论作为基础，还要运用伦理学的概念、范畴和理论去审视、分析广告运作的各个环节和广告成品，探索广告与伦理之间的内在联系及其规律。同时，广告既是科学也是艺术，广告活动是一个具有多学科属性的领域，涉及经济、传播、艺术等学科，因此广告伦理学需要其他相关学科的理论作为基础，包括广告学理论、传播学理论、营销学理论、美学理论、心理学理论、法学理论、社会学理论以及伦理学理论等。

广告伦理学立足于广告，首先要运用的是广告学理论，广告学理论直截了当地对广告活动中出现的各种现象给予解释和定义，是广告活动得以健康持续发展的理论保证。用广告学理论分析广告活动内部的要素，以及这些要素的功能和要素之间的关系，才能使我们对广告活动有一个全面的

---

① 李淑芳：《广告伦理研究》，中国传媒大学出版社，2009，第6页。

认识和把握。在此基础上把广告活动看作一个整体，一种传播活动、一种营销活动和审美活动，就能运用传播学理论、营销学理论和美学理论研究其传播功能、营销功能和审美功能。无论是广告活动自身内部各要素，还是广告作为整体的各种功能，都与心理因素和心理问题紧密关联，涉及心理过程、心理状态和个性心理特征，都需要运用心理学理论进行考察、分析和解释。广告不论作为传播活动、营销活动还是审美活动，都发生在伦理环境中，而广告活动涉及的群体心理特征和心理倾向则是群体伦理的表现，有些直接被看作伦理或道德的特征和倾向，有些则可以从伦理学上作出解释，这都需要运用伦理学理论。一切的伦理观念都是从精神上对人进行道德约束，但是最终应以法律为支撑和保障。所以说，在提倡广告伦理的时候，势必用到法学的知识。而广告作为一种人类特有的社会活动，不可避免地带有浓重的社会性，属于社会学里一个新鲜独特的组成部分，在社会学的大背景下对广告活动作出研究，将使人们更加全面地了解广告的社会性，并且为广告在社会和谐发展中作出贡献提供理论依据。

1. 广告学理论

广告学以广告活动作为自己的研究对象，研究广告活动运作、广告信息、广告环境、广告效果、广告表现、广告规范以及它们之间的关系。广告效果是广告和广告运作的目的，也是评价广告和广告活动成败的主要标准。从这一意义上讲，广告学是研究如何实现最佳广告效果的学科，是揭示成功广告活动的一般性规律和手段的科学。

广告活动涉及广告主、商品、广告人、广告信息、广告创意、广告媒介、广告成品、广告受众等许多因素，这些因素在广告活动中承担各自的功能和角色，并按照一定的程序组合在一起。广告活动的基本运作程序是从市场调研、产品分析、消费者研究入手，确定广告定位、广告诉求、广告表现和媒体选择与组合等策略，在此基础上发布广告信息，最后测定和评价广告效果，为新一轮的广告活动积累经验。广告活动的所有因素和环节都必须围绕广告效果这一核心目标。要研究如何实现最佳广告效果，就必须研究广告活动的有关因素和运作环节。广告伦理学和广告学的目标是一致的，都是研究如何实现最佳的广告效果问题，所不同的是广告伦理学将广告活动的诸因素和诸环节与伦理结合起来研究广告效果。因此，广告伦理学必须以广告学理论为基础，否则就会偏离广告伦理学的学科属性。

围绕如何实现最佳广告效果，广告学研究"对谁广告""广告什么""如何广告""广告效果如何"等一系列问题，广告学理论首先建立了一整套广告运作理论，其核心是"三个基点""四个策略"，即立足市场、产品和消费者三个基点，制定有效的定位策略、诉求策略、表现策略和媒体策略。奥格威指出，好的广告首先必须"做法正确"。所谓做法正确，就是要树立科学的广告观，采取科学的运作方法。有效的广告活动必须以市场、产品和消费者为出发点，从研究市场、研究产品、研究消费者入手，进行广告调研，收集有关信息，全面地了解广告活动所面临的市场、产品和消费者的情况，通过分析作出正确的判断，进而确定广告的定位策略、诉求策略、表现策略和媒体策略。忽视市场、产品和消费者的广告运作很难保证广告活动的有效性。

定位理论是广告学的一个重要理论。目前人们对定位概念有不同的解释。我们认为，定位至少包括以下三方面的含义。一是产品的市场定位，确定产品在市场竞争中的地位，确立该产品在同类产品中的位置。如艾维斯（Avis）的定位"我们仅仅是第二"。二是产品概念（product concept）定位，确定该产品与同类产品的个性差异和该产品的独特价值。如七喜（7up）的定位"非可乐"，德国大众金龟车的定位"think small"（想想还是小的好）。三是目标受众的定位，即明确"对谁广告"。现代市场商品丰富，同类商品之间的竞争非常激烈，同时，人们的生活水平不断提高，消费呈现明显的个性化倾向，"为人人而广告"的时代已成为历史，确定明晰的目标受众成为广告传播活动的重要内容。广告的目标受众不同于市场营销中的目标市场，尽管有时两者会重合，但某个产品或某项服务的广告活动有特定的对象，目标受众不一定就是目标市场。

广告的诉求理论也是广告学理论的重要组成部分。所谓诉求就是针对消费者需求诉说产品或服务的利益点（benefit），即人们通常所说的"卖点"。广告学将诉求分为理性诉求和感性诉求两大类。早期的 USP（Unique Selling Proposition）广告大多属于理性诉求类广告，强调某产品与其他产品的差异性，往往采用"问题—解决"的说服方式。后来的形象广告大多属于情感诉求类广告，采用的是形象匹配或情境匹配的说服方式。广告通过

"理想的"产品使用形象、使用者情感和产品使用情境去感染受众。因此诉求概念不仅包括了"广告什么"这一广告内容，也在一定程度上涵盖了"怎么广告"的方法和形式。

品牌形象（brand image）是广告学理论中的又一重要概念。随着买方市场的形成：一方面产品呈现同质化趋向，产品之间的物理性差异越来越小；另一方面消费者需求却呈现个性化、差异化特征，这时市场竞争的焦点渐渐从产品转向品牌形象力。一个品牌代表一种特定的产品，但它不应该只是一个名称，或者一些物理方面的识别要素，更重要的是消费者对该品牌的心理层面上的认知，包括品牌个性（brand personality）、价值、信仰和产品概念等。广告的一个重要功能是建立品牌形象，每一则广告都应该被看成在对品牌形象这种复杂现象作贡献。建立品牌形象是广告的重要任务，这已经成为广告界的共识。

广告学作为一个理论体系，还有其他许多概念和学说，如广告创意、广告表现、广告媒体等，以上只是列举了其中的一小部分。如果离开了广告学理论这一基础，广告伦理学就脱离了主体，偏离了方向。

2. 传播学理论

广告活动是一种大众传播活动，最基本的功能是传播信息。它与社会伦理的关系非常密切。研究信息交流的传播学是近几十年迅速发展壮大的学科，传播与伦理的关系研究是传播学发展中最为重要的研究之一，传播学的理论、方法、范式以及传播学关于社会伦理的研究成果，都是广告文化研究可以应用和借鉴的。

传播活动由"5W"（who，what，which channel，whom，what effect）基本要素构成，其基本模式如图 1 - 1 所示。

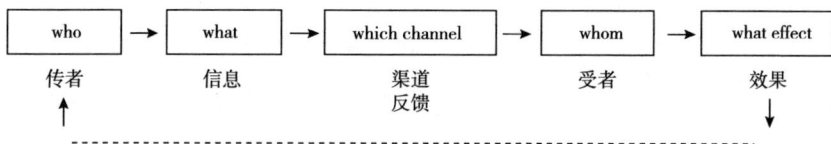

who	→	what	→	which channel	→	whom	→	what effect
传者		信息		渠道 反馈		受者		效果

图 1 - 1　传播活动的基本模式

现代传播理论认为，传播活动是一个信息选择的过程。就传播者而言，并非什么信息都值得传播，而是应根据不同的情况选择需要传播、值得传播的信息；就受众而言，并不是传播什么信息其就接受什么信息，受众听而不闻、视而不见是传播活动中经常出现的事，这是因为受众具有"过滤"外界传来信息的"装置"，有意地接受或忽视一些信息。早期关于媒体传播影响的"魔弹理论"或"皮下注射理论"认为有传播就会有影响，而且影响是大范围的、快速见效的。研究表明，这些理论的假设是片面的，受众对大众媒体的信息是根据自己的需要有所选择的，于是产生了"有限的"和"有选择性"的影响理论。"有选择性理论"认为受众对信息的接受是主动的，选择和利用什么样的信息、获取什么样的满足是因人而异的。人们每天接触大量的广告信息，但许多对受众没有价值的信息都被"过滤"掉了。在广告传播者和受众对信息的选择过程中，伦理因素起着重要的作用。

传播活动又是信息编码和解码的过程。信息总是以一定的表达形式出现，或文字，或声音，或图形，或专门符号机器编排方式，这就是"语码"。传播者将信息编成语码，传递给受众，受众对感知到的语码进行解释，获取信息。信息传播的有效性和接受的完全性在很大程度上取决于信息的编码的合适性和解码的正确性，而编码和解码过程能否保持信息等值，则取决于传播者与受众是否具有共同的语码和一致的经验范围。山还是那座山，却"横看成岭侧成峰"。一部《红楼梦》"经学家看见易，道学家看见淫，才子看见缠绵，革命家看见排满，流言家看见宫闱秘事"（鲁迅语），都是因为受众根据自己的经验去解读语码。因此，传播者与受众之间的文化背景和生活经验以及伦理道德观念的异同，将直接影响传播效果。

传播活动是传播者和受众的互动过程。传播者和受众共同参加传播活动，而且是双向影响的活动。传播者选择、编码、传播信息，用信息影响受众，受众选择、解码、接受信息，这只是传播活动的一个阶段。下一个阶段是传播者从受众对传播活动及其信息的反应中得到反馈信息——传播取得了什么样的效果，受众有什么样的反应，然后从传播活动各要素和环节中检讨其原因，从而调整传播活动的信息内容、编码方式或媒介安排。传播活动中不仅传播者影响受众，受众也反过来影响传播者，这是一个传播—反馈—传播的循环互动过程（见图1-2）。在这个循环互动过程中，广告伦理学尤其关注各种伦理因素对广告传播互动过程的影响。

传播者	→	发送信息	→	接受者	→	接受信息	→	反应
（选择，编码）				（信道）反馈				（过滤，解码）

图 1 - 2 传播活动的循环互动过程

传播行为和传播方式受到伦理环境的制约，反映出伦理上的特征。因此，传播学的许多成果可以用于广告伦理的研究，霍尔的"高语境"和"低语境"学说是其中的成果之一。霍尔认为"语境的水平决定了有关传播性质的一切"。在高语境的传播中，信息比较简单，用的是"简码"，大部分信息蕴藏在语境或接受者的知识库存中，只有一小部分存于传播的信息，对信息的理解依赖于大量的语境信息和接受者内化知识的补充；而低语境的传播正好相反，信息比较复杂，用的是繁码，大部分信息必须出现在传播的信息中。高语境传播比低语境传播经济、迅速，但在信息的编码和解码上要花费更多的时间。根据他的研究，中国文化属于高语境的顶端，而美国文化偏向低语境的一端。他认为，随着信息越来越多、越来越复杂，人类为了避免"信息超载"，必然向高语境方向发展。许多学者用霍尔的高、低语境的假设，研究拥有不同伦理观的不同国家或地区的传播方式，取得了可喜的成就，证实了伦理环境对传播方式的影响。高、低语境假设有助于我们研究伦理环境与广告信息编码及传播方式之间的联系，也适用于不同国家、不同民族之间的广告伦理的对比研究。

3. 营销学理论

广告是一种营销手段，是整个市场营销组合（marketing mix）的一部分。市场营销理论影响广告活动和广告观念，而某一产品的市场营销策略也将在广告策略中表现出来。例如，市场营销确定的目标市场和产品市场定位决定广告的目标受众范围、定位策略、表现策略和媒介策略。因此，研究广告不能脱离广告的市场营销功能。广告伦理研究必须以市场营销学作为理论基础，从广告在市场营销中显示的功能、地位研究广告与伦理的关系。

市场营销是促进产品或服务从生产者向消费者流动的活动，它既是企业组织的一系列活动，同时又是产品社会化的过程。市场营销的职能是识别目标市场，确定合适的产品，制订有效的市场运作计划。广告作为市场营销的一部分，不仅要承担自己的功能，同时要与营销整体保持一致性、协调性。研究广告伦理必须紧紧扣住广告的营销功能。

随着经济的发展和市场状态的变化，营销学理论也从传统的以产品为主导的理论转向现代的以需求为主导的理论。营销学理论的发展，虽然没有改变广告的基本功能，但改变了人们的广告观念和广告运作方式。在传统的营销理论中，构成营销活动的核心要素是"4P"，即价格（price）、产品（product）、促销（promotion）和地点（place），其中促销又有广告活动（advertising）、人际推销（personal selling）、促销活动（sales promotion）、公关活动（public relations）四种手段，如图1-3所示。

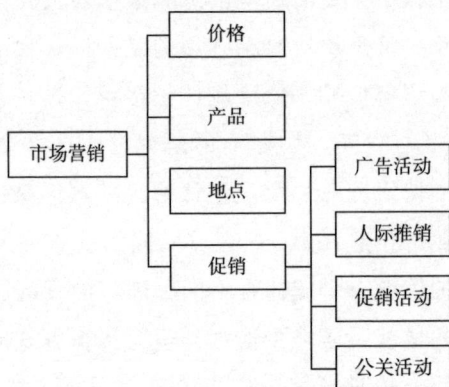

图1-3 传统营销模型

传统营销理论的显著特点是以产品为核心制定相应的产品策略、价格策略、渠道策略和促销策略。传统营销理论下的广告活动是围绕产品进行的，忽视消费者在市场中的主导地位。早期的USP就是以产品为导向的广告主张。今天，市场状态已从以产品为导向的卖方市场转向以消费者为导向的买方市场，产品同质化特征越来越显著。为适应新的市场状态，传统的"4P"营销理论已发展为以消费者为核心的"4C"（consumer，cost，convenience，communication）营销理论。"4C"理论是由美国营销专家罗伯特·劳特朋（Robert Lauteerborn）教授在其《4P退休4C登场》专文中提出的，它以消费者需求为导向，重新设定了市场营销组合的四个基本要素：成本（cost）、消费者（consumer）、沟通（communication）和便利

（convenience）。从"4C"理论中我们可以看出，消费者的伦理道德观念已成为营销中必须考虑的一个重要问题。

由于广告是营销手段之一，所以市场营销理论中的许多概念不仅是研究广告和广告活动的依据，也是研究广告伦理的重要途径，如营销环境（market environment）、目标市场（target market）和市场细分（market segmentation）等概念都与伦理有密切的联系。市场细分根据一些与市场有关的猜想，如地域环境因素（地区、气候、自然条件等）、人口因素（性别、民族、年龄、婚否、职业、受教育程度等）、心理因素（个性、爱好、观念、生活方式等）和行为因素（购买频度、购买量、购买方式等），将消费者划分为各种具有共同消费倾向的群体，从而确定产品适合的目标市场。

4. 美学理论

美学是研究美和美感的科学。美的本质与特性、美的形式与内容、美的形态、美的范畴、审美关系、美感的本质、美感的产生和发展的一般规律、美感的心理要素、审美标准、美的创造等都是美学要研究的问题。广告传播活动既是一种与伦理、文化相联系的创造活动，同时又是一种审美活动，因此广告伦理学研究往往需要借助美学理论。

美学史上许多美学家将美学的研究对象和范围限定在艺术上，但也有许多美学家认为美不仅存在于艺术之中，也存在于人类生活和社会实践之中，而且持这种观点的美学家越来越多。罗丹说："美是到处都有的。"车尔尼雪夫斯基认为："任何东西，凡是显示生活或使我们想起生活的，那就是美的。"美学不仅要研究艺术美，还要研究生活中的各种美的现象。

美的创造性特征在艺术美和社会美中表现得尤为突出，新颖的艺术形象、艺术形式和表现手法给人以美的享受，人类实践活动中所创造的符合社会进步和人类发展的事物也是美的。美又是一个社会概念，受到社会实践的制约。美离不开人这一社会主体，离不开人的社会实践；美又具有社会功利性，人类对美的需要和追求是因为它能"为我所用"，美的效用主要是精神上的；美的社会性还表现在，美总是与社会历史条件密切联系着，并随着社会的发展而发展。

美感是作为审美主体的人对美的感受，是美学研究中的一个重要内容。美感是客观事物在人们观念中的反映，是由人的审美活动产生的心理体验。美感的产生以及一系列心理活动，包括感觉、注意、知觉、联想、情感、体验、认知等心理因素和心理过程，涉及情趣、观念、理想等意识，以及与此相关的审美标准问题，美学理论对这些问题予以持续和系统的关注。

广告活动和广告作品具有商业性功利目的，不同于纯粹的艺术作品，但传播者为了广告收到理想的宣传效果，刻意对广告内容和形式进行加工，选择合适的信息内容，并运用艺术化的形式，去感染和影响受众，这也是美的创造活动；而受众接触、接受广告信息的过程也包含着审美活动。广告美包含着艺术、自然、社会和形式各种美，广告美既表现在广告的内容中，也表现在广告的形式中，广告的商品信息、广告诉求、广告中的事件、情景、人物、图形、色彩、声音以及这些要素的组合方式、形态、风格都是审美的对象。

广告美能激起受众良好的情感，产生愉悦的情感体验，从而"移情"于广告的商品或服务，促成他们的积极态度和购买行为；相反，不美的广告元素或符号会引起人们的不良情感体验，产生对商品的消极态度，影响广告效果。如阿迪达斯"一起2008，没有不可能"的广告推广非常有创意——既邀约群众一起参与奥运，也表达了阿迪达斯的核心理念：众志成城、团结一心，没有什么是不可能的。但是从奥运的整体表现色调来说，这则广告片的表现手法有待商榷——在中国的文化认知中，红色是热情、是喜庆、是胜利，灰色则是沮丧、是失败（灰色人生）甚至是死亡的代表（面如死灰），在奥运大背景下，宣传以奥运为主题的广告片，竟然用灰色人群来表现，有些令人吃惊——当然，创意者的初衷或许是想用灰色与红色来代表虚拟与现实的界限，却忘却了在中国的文化认知中，如此面呈灰色的人群、如此灰色的万头涌动的场面让人产生恐怖的联想，这实在是与阿迪达斯的设想背道而驰。① 美感是广告和受众审美关系作用的结果，其中涉及广告内容和形式的问题，也涉及受众自身的审美心理、情趣、标准

---

① 中国广告门户网，http://www.yxad.com。

等问题，更有广告与受众的合适性问题，这些问题都与伦理道德密不可分。因此，广告伦理学需要通过美学理论分析与广告相关的伦理现象。

5. 心理学理论

广告传播是心灵的交流活动，广告信息的选择与编码，广告信息的接受与理解，广告的说服效果，都涉及许多心理因素，而通过对广告传播活动参与者的心理分析，我们可以窥视到许多与广告有关的伦理现象。

心理学是研究心理事实、心理规律和心理机制的科学，它的主要研究对象如图 1-4 所示。

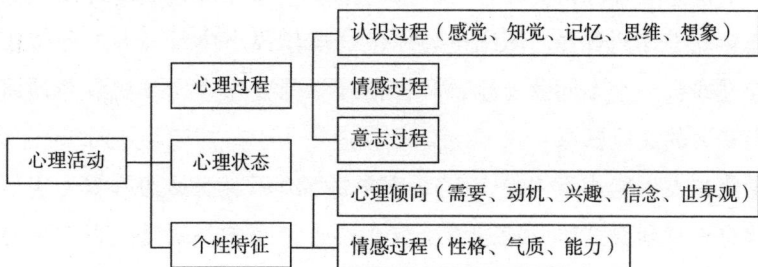

图 1-4　心理学的研究对象

资料来源：陈月明主编《文化广告学》，国际文化出版公司，2002，第 81 页。

心理活动和心理过程也存在于广告传播过程中。受众对广告信息的刺激并不是简单的条件反射，而是要经历感觉、知觉、记忆、思维、想象等心理过程，这是对信息选择、认识、加工和储存的活动。人们在认知过程中，伴随着一定的情感体验，或喜或怒或哀或乐，情感是受众对广告信息的反映，也体现了受众与广告信息之间的关系——能满足他的需要或与他的需要无关。而受众根据其对广告信息的认知和情感体验，形成对商品或服务的信念，进而作出购买或不购买的决定或行动，这是一个意志过程。个体心理特征是构成心理差异的重要因素，制约和影响个体心理过程的形成和发展，也是用以分析心理活动和心理状态的重要概念。如果说心理过程是动态的变化过程，个性心理特征是静态的因素的话，那么心理状态则是动态心理过程和静态心理特征之间的稳定状态，是一种处于发展变化过程中的状态。心理学中的需求、动机、感知、情感、兴趣、记忆、联想以及个性特征等问题，都是研究广告和广告活动时必须考虑的。

广告说服受众购买产品，从心理学的观点看，消费者行为是由满足需求的欲望驱动的，动机是促成购买行为的动力，而动机又根植于需要。因此，广告传播活动和广告效果是与许多心理问题联系着的。研究表明，从受众接触广告信息刺激到发生购买行为有一个复杂的心理过程，同时也受到许多因素的影响。这些因素可以概括为外部因素和内部因素两大方面。外部因素是文化、社会和经济等因素：文化因素如信仰、价值观、生活方式、伦理道德观等；社会因素如所属阶层、家庭、组织等；经济因素如价格、服务、支付方式等。内部因素涉及消费者个体的认知、动机、学习、态度、个性等心理因素，而这些因素的个体差异和群体倾向可以在他们所属伦理标准中找到解释。不同伦理环境的群体或个体对同一广告信息或广告表现方式会产生不同的反应，广告伦理学则要通过这些广告心理问题探究他们背后的文化联系。

受众在发生购买行为前，心理上通常要经历对商品的认知过程、情感过程和意志过程，这些心理过程反映在广告传播中，就是广告效果的逐次递升。受众是否进入广告效果的某一层次，是与他们的心理活动过程联系着的。这就需要研究受众如何注意、接受和理解广告信息，广告又如何影响他们的态度和购买行为，不同受众类型对各种广告信息有什么样的心理倾向等心理问题。消费者心理活动的三个过程，是消费者决定购买的心理活动过程的统一，是密不可分的三个环节，它们相互作用。意志过程有赖于认知过程，并促进认知过程的发展和变化；同时，情感过程对意志过程也有重大影响，而意志过程又反过来调节情感过程的发展和变化。

广告是由传播者和受众参与的活动，既涉及受众的心理，也涉及传播者的心理。传播者是"生成"广告活动和广告成品的主体，受众是接受和理解广告信息的主体。从心理学上研究广告伦理，不外乎传播者心理和受众心理两个方面。前者研究广告"生成"心理过程中的有关广告伦理问题，即对广告主或广告商的广告策划、广告策略制定、广告内容选择、广告创意、广告发布等进行研究；后者研究广告接受和"理解"心理过程中的有关广告伦理的问题，即对受众对广告信息的选择、感知、兴趣、记忆、态度、决策以及引起的行为等进行研究。"生成"心理过程和接受"理解"心理过程中的广告伦理研究，是广告传播的两个方面，犹如一张纸的正反两面，不可偏缺。

6. 法学理论

研究广告伦理一定要结合法学的知识，站在法律的角度，探讨广告伦理实现的可能和途径。俗话说，法律是底线，伦理是最高纲领。一个行业如果法律健全的话，有关伦理的困惑就会减少，甚至会为伦理问题提供解决之道。所以，在研究广告伦理，准备为广告行业建立良好的伦理道德环境的时候，我们首先要从法的角度，探讨广告行业如何走上法制化的道路，从而确保整个行业的有序健康发展。

法学是社会科学中一门特殊的科学，研究"法"这一特定社会现象及其规律。法学肯定法律对于社会的制约和调整，成为教育全体人民遵纪守法的学问，具有特殊的学术价值。法与道德的问题是中外法学和伦理学发展史上一个经久不衰的讨论课题。构建法律伦理的首要前提在于，"法与道德都是社会的规范文化，二者之间的交叉和同构关系不可能由法学或伦理学独立地进行研究，只有法律伦理才能揭示二者之间的关系"。①

广告主在从事广告信息创作发布的时候，要做到自身行为的合法性，在市场经济条件下，产品竞争异常激烈，产品同质化现象十分严重，为了吸引消费者的注意力，广告主展开了多种多样的信息传播活动，也就不可避免地会出现许多违反市场机制原则和伦理道德准则的行为。广告媒体在媒介资源过剩的情况下，也开始了争夺广告主和消费者的广告大战，媒体失衡现象屡禁不止，让整个行业染上了经济利益的色彩。广告公司的创作人员为了迎合客户的需求，在制作广告时，夸大其词、虚假承诺，甚至有意欺骗、误导消费者，这些现象屡见不鲜。在这样的情况下，广告法规的健全以及法律意识的普及是保证这个行业健康发展的关键之举。

广告行业要做到有法可依、有法必依、执法必严、违法必究，对于行业发展中出现的一系列违法违规现象，都能做到惩处合理、量刑有度，必须以法学理论为支撑，建立严格规范的法律秩序。而法的意识也应该渗透到广告行业三大主体的内部，每个从业人员都应该认识到法律对伦理的保

---

① 李建华：《道德秩序》，湖南人民出版社，2008，第145页。

障作用，充分利用法律知识促进行业的发展。

7. 社会学理论

道德现象也是社会现象。在任何单个人存在的地方，在个人不和他人发生交往的地方，是无所谓道德的。① 因而，广告的传播过程是一种社会活动。因为其涉及广告与商品、广告与现代人、广告与社会生活、广告与大众文化、广告与社会控制、广告与大众传媒，以及广告与后现代社会等多角度的关系，渗透着很多社会学的知识与理论。要想真正了解和研究广告伦理学，我们必须将广告活动置于社会大环境之下，用宏观的社会思想来分析作为人类特殊活动之一的广告活动。

孔德提出了社会学一词。社会学横跨经济学、政治学、人类学、历史学及心理学。它的意义在于寻找混合了人类知识及哲学的源头。社会学是从社会整体出发，通过社会关系和社会行为来研究社会的结构、功能、发生、发展规律的综合性学科。它从过去主要研究人类社会的起源、组织、风俗习惯的人类学，转变为主要研究现代社会的发展和社会中的组织性或者团体性行为的学科。在社会学中，人们不是作为个体，而是作为一个社会组织、群体或机构的成员存在。

广告活动的三大主体——广告主、广告公司和广告媒体，都不是孤立存在的，彼此之间保持着非常紧密的联系。广告公司是广告主和广告媒体之间沟通和交流的桥梁。三个行业的从业人员也是作为社会人而存在的，自身的活动都带有社会的属性，彼此之间的交流也是在社会活动的范畴之内，他们的沟通传播行为首先应该作为一个社会个体从社会学的角度加以考虑和研究。同时，行业与行业之间的沟通和交流，行业内部之间的交流，都是作为一个社会组织、群体而存在的，和社会学有着千丝万缕的联系。

广告是以宣传推销产品为目的的传播活动，也可以说是广告信息从广告主到广告公司，再通过广告媒体发布，从而为广告消费者接受的过程，这个过程首先应被视为社会过程。广告对社会文化经济的渗透已经构成了我们社会生活空间强大的符号认同系统和互动体系，必将进一步

---

① 曾钊新、吕耀怀：《伦理社会学》，中南大学出版社，2002，第 3 页。

促使广告理论在系统建构上表现出更为开阔的空间。加强对广告与社会互动的广告社会学的研究，既是广告实践发展过程中面临的实际需求和任务，又是广告理论建设层面的延伸，从而为认识现代社会和广告提供一个崭新的视角。

（二）研究框架

广告活动是有目的的传播活动，其结果是广告效果。广告活动的各环节都是围绕广告效果进行的并作用于广告效果，广告活动的成果是根据广告效果判定的。当然，广告效果包括经济效益和社会效益，是广告活动内部要素和外部环境共同作用的结果。伦理属于广告活动的外部环境，对广告活动和广告效果产生影响。另外，广告活动的结果又反过来对伦理产生影响。广告伦理学不仅应该将广告效果纳入研究范围，而且应该将它放在重要的位置上。

广告活动与伦理的互动关系构成了广告伦理学的主线，如图1-5所示。

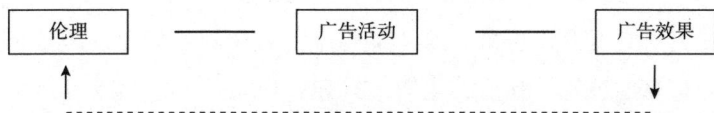

图1-5 广告活动与伦理的互动关系

广告伦理学还必须深入广告活动的内部，研究与广告活动各要素相关的伦理现象。对广告活动的"一点"（广告事件或广告成品）、"两边"（广告传播者和广告受众）、"三大功能"（传播、推销、审美）、"四大策略"（定位、诉求、表现、媒体）等要素的伦理问题研究，就构成了广告伦理主线上的网络，如图1-6所示。

广告与伦理之间存在"反映关系"、"制约关系"、"利用关系"和"助推关系"，对这几种关系的研究也必须在广告伦理学的理论框架中体现出来。

第一，研究广告事件或广告成品中形式和内容所表现的伦理现象，如广告中的信息和观念、广告中的故事情节、人物角色、广告风格、广告结构，以及语言、文字、图形、色彩、音乐等广告手段所涉及的伦理现象。这是对广告事件或广告成品这些静态对象的分析，主要研究广告内容和形式的各种要素是如何反映伦理的。

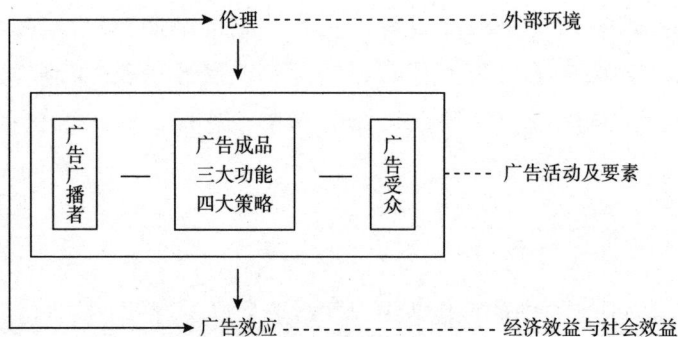

图 1-6　广告伦理学研究框架（一）

资料来源：陈月明主编《文化广告学》，国际文化出版公司，2002，第 100 页。

第二，研究传播者广告运作或"编码"过程中有关的伦理现象，包括广告信息的选择和编码、广告手段的运用、广告策略的制定、广告时间和广告成品的创意、广告的发布等伦理问题。这是对传播者广告运作的动态进行的研究，主要研究传播者的广告运作或"编码"如何受伦理环境的制约，又如何有意识地运用伦理因素。

第三，研究受众广告接受或"解码"过程中涉及的伦理因素，包括受众对广告信息的感觉、注意、认知、兴趣、信念等心理活动过程中的伦理制约和伦理利用问题，广告对受众的情感、态度、意志、思想乃至消费行为影响过程中的伦理制约和伦理利用问题。广告伦理学要研究伦理在这个复杂的心理过程中的作用。

第四，虽然广告活动受伦理环境的制约，反映种种伦理的因素，并有意识地利用伦理服务于广告，但是广告活动在大众传播过程中所产生的效果也反过来对伦理产生影响。而且，广告在影响受众的情感、态度、意志、思想乃至消费行为的同时，也影响着他们的世界观、人生观、价值观、道德标准、行为方式、生活方式等，影响着社会的伦理环境，这就体现了广告的社会效益、经济效益对伦理的影响和助推功能。

因此，上面的广告伦理学研究框架中还应增加广告与伦理的四个关系，如图 1-7 所示。图中 Z 表示制约关系，F 表示反映关系，L 表示利用关系，T 表示助推关系。这样就形成了一个系统的、立体的广告伦理学研究框架。

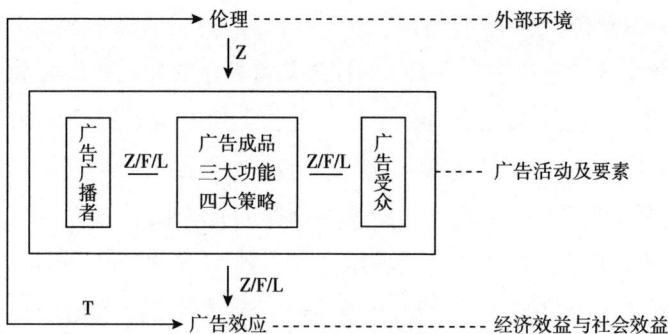

图 1 – 7 广告伦理学研究框架（二）

资料来源：陈月明主编《文化广告学》，国际文化出版公司，2002，第 102 页。

从上面的分析可以看出，广告伦理学的理论基础是稳固的，这些理论基础决定了广告伦理学的伦理研究框架。

（三）学科特征

"之所以有那么多人在批评指责广告，就因为它什么都不是。广告不是新闻、不是教育、不是娱乐——尽管它常常扮演上述三种角色……作为一种传播手段，广告自然带有新闻、教育和娱乐的某些特性，但判断广告不应以此作为标准。"① 广告伦理的特征是指广告传播中不同于其他社会伦理和行业伦理的内在规定性，是伦理共同性与广告特殊性的辩证统一。广告传播伦理的特征表现在以下几方面。

1. 系统性

广告传播是一个系统工程，它牵涉到社会生活多角度、多层面的复杂关系，包含的内容十分广泛。考察广告传播的伦理性必须以此为出发点。

第一，从广告传播与相关利益群体的关系来看，涉及广告主体（广告主、广告经营者、广告发布者）、广告客体（受众）、广告环境（广告传播的社会环境）三个基本因素。广告传播的利益关系主要包括四对：主体内部广告主与广告经营者、广告发布者之间的关系，广告主体与客体的关系，不同广告主之间的关系，以及广告与社会环境的关系。在广告的具体运作中，这四对利益关系的各方会根据各自利益要求，采取有利于自己、能代表自己

---

① 威廉·阿伦斯：《当代广告学》，丁俊杰译，华夏出版社，2000，第 44～45 页。

的价值取向的行为。其中，广告利益的中心是广告主的经济利益，围绕这一中心利益产生了广告与个人、集体和社会紧密相连的其他利益关系。①

第二，广告传播与社会经济关系。广告传播在现代社会经济发展中的地位是有目共睹的。广告推动了新产品与新技术的开发与进步，增加了就业机会，为消费者和商家提供了更大的选择余地，促进了大众生产，降低了物价，刺激了生产厂家之间的健康竞争，使消费者受益。同时，对广告经济负面作用的批评也一直不绝于耳，如广告提高了产品的价格，诱导人们购买自己不需要的商品，造成了虚假需求，助长了垄断等。

第三，广告传播与社会文化的关系。"广告作为社会生产物与人类创造物，与社会生活存在着多方面的联系，它具有一切文化所特有的观念形态性或意识形态性。"② 作为社会文化的重要组成部分，广告传播本身必然受到社会文化的影响和制约，其创意和表现一般是在社会传统的框架内运作，维护现存的社会制度和社会秩序。但是，由于广告本质的商业性特点，追逐利润常常是其首要目的和最终追求，因而造成广告对社会文化的侵扰，负面效应往往大于正面效应，给社会带来危害。

第四，广告与大众传媒的关系。广告作为一种信息传播形式，随着人类社会的出现而产生，并随着社会生产和社会交换的丰富而不断发展。首先，广告是传播的产物。其次，广告活动的本质就是信息传播，它不仅是信息传播的媒介，也是信息传播的实体，广告除了传播商品信息之外，还涉及社会价值观、企业形象、企业理念、品牌形象和某些无形服务的相关知识性的信息。

第五，广告传播与社会政治的关系。能确切体现广告与社会政治关系的莫过于政治广告了。政治广告主要用于陈述政见、攻击对手、反驳批评、塑造形象。从形式上政治广告可以分为正面宣传和负面攻击两方面。

理清广告传播涉及的各种复杂的伦理关系之后，我们可以从三个层面对广告传播的伦理问题进行审视和判断。③

---

① 金光风：《广告及伦理问题探析》，《贵州财经学院学报》2000 年第 5 期。
② 张金海：《试论商业广告的文化传播性质与功能》，《江汉论坛》1997 年第 8 期。
③ 威廉·阿伦斯：《当代广告学》，丁俊杰译，华夏出版社，2000，第 58 页。

第一个是团体或者集体层面。这是指某一社区或者社会的人共同奉行的传统的习俗和该社会建立起来的、旨在修正以往习俗并指导未来行为的伦理规范。

第二个是个体层面，包括不同个体的态度、感情和信仰等，它们共同构成了个人的价值观。

当个体和团体陷入无法解决的伦理困惑时，就需要对问题进行重新定义，这就是伦理问题的第三个层面。它涉及单一伦理的概念，如责任、正直、真实、好与坏、是与非等，在前两个层面上进行讨论和协调，最终达成一致，形成一个单一的伦理标准和界定。

上述五种关系可以视为我们考察广告传播伦理问题的主要内容，而三个层面则是我们审视广告传播伦理性的着眼点。

2. 自发性

伦理道德是人类社会在漫长的演化过程中所形成的一系列社会行为规范的总称，是人生存和发展的一种方式，是人实现自我和完善自我的一种社会规定和价值诉求。

人类是在劳动的过程中逐步发展的，而人们在劳动生产中分工协作的产物，就是社会。"人的本质是人的真正的社会联系。"[1] 人的存在具有内在的双重性：一方面，人是作为自然人而存在的，这是由每个人都是作为一个独立的自然肌体决定的；另一方面，人同时又是作为一个社会人而存在的，是一种社会存在物。人本质的这种双重性决定了人的利益和需求层次也同时具有双重性。人的需要或利益表现为两种形式：一是作为自然主体的那种个人需要；二是表现为社会需要的共同需要。与此相适应，满足人的需求的途径和方式也有两条：一条是直接满足个人的需要，另一条是满足表现社会需要的共同需要。这样，人的需要或利益总是呈现为个体性和整体性的双重特性。正是这种特点决定了任何人都有一个如何处理他的需要或利益的个体性和整体性的相互关系问题，也就决定了道德的需要乃是人的最本质的需要之一。[2]

---

[1] 《马克思恩格斯全集》第 42 卷，人民出版社，1979，第 24 页。
[2] 唐凯麟：《试论道德价值的生成》，《伦理学研究》2004 年第 5 期。

美国心理学家劳伦斯·科尔伯格将个人道德发展水平明确分为三个层次。[①]

第一个发展层次为前传统层次（preconventional level）。当婴儿开始成长时，他们必须经过一个对道德无知无识的时期。在道德发展第一个层次的第一个阶段，他们修正自身行为的动机是对惩罚的反应，在这个层次的第二个阶段，孩子们希望得到父母的夸奖，但他们对于道德的概念还缺乏必要的认识和体会。

第二个发展层次为传统层次（conventional level）。在这一层次发挥作用的是传统角色遵从（conventional role conformity）的道德。在这个阶段，个体的行为遵循来自家庭、学校或教堂的各种规则和标准。人们开始逐步地理解这些道德标准与规则，遵从所处社会的各项法律和规定，接受并认同自己的社会角色。科尔伯格称之为"法律与指令"阶段。

第三个发展层次为"后传统性、自主性或原则性层次"（postconventional, autonomous or principled level）。在这一层次发挥作用的是自我实际接受的道德原则。我们之所以接受某种道德原则，不是因为社会公认其正确和应该接受，而是因为我们确实明白该道德原则的真实内涵与现实依据。这是一种高层次的道德自觉阶段，人们可以对指导自身行为的道德准则进行理性的分析与阐释，是一种社会成员的内在约束，不是外力强制的结果。

广告传播的伦理道德属于整体伦理道德的一部分，道德在生成和演进中的一些基本特征也同样适用于广告传播。从生成方式来看，广告传播伦理也是自发的，是对广告行业自身的自我调节和规范。"广告传播的道德规范，不是社会规定的，而是约定的，是在长期的广告传播行为中形成的。"[②] 当然，广告在发展演进的过程中也受到政府、经济、文化以及宗教等传统习俗的影响和外部限制。但是，从根本上说，其伦理道德的生成还是首先来自内部机制，是广告主体主动地去迎合受众的思想和行为方式。

广告伦理遵循道德发展的三个不同层次，且经常处于第一个层次和第二个层次，需要借助于奖惩和法律等外力进行规范和保障。第三个层次的

---

① 转引自理查德·T. 德·乔治《经济伦理学》，李布译，北京大学出版社，2002，第42~45页。

② 陈汝东：《传播伦理学》，北京大学出版社，2006，第284页。

道德自觉则正是广告伦理所力争达到的目标。

3. 内省性和规范性

伦理不同于法律，它是一种内在的约束机制，不具有法律的外部强制性。广告伦理只是在伦理道德上对广告从业者的道德约束和伦理导向。作为对广告传播活动的一种调节机制，广告伦理首先表现为一种内省性。它是处于同一社会或同一生活环境中的人们在长期的广告实践活动中逐渐积累形成的、具有深刻的广告职业内涵的要求、秩序和理性。[①] 它内化于广告活动主体的品格、习性和意向之中，又通过他们的言行活动表现出来。它是一种伦理的内省性表现，是广告工作者积极主动并真心诚意地遵循伦理道德的制约，在广告活动中由衷地把伦理道德内化为个人的情感、意志和信念。这是一种自发的内在力量的自我克制和调节，是广告的自律行为。

当然，作为一种约束力量，广告伦理不可避免地具有一定的规范性。它虽然不具有法律的外部强制性，却具有社会舆论和相关管理部门的外部制约力。在广告传播实践中，受众对失范广告的敏感性往往会触发社会舆论的强大压力，并继而对广告管理部门起到联动作用。在广告伦理中，受众不完全是消极被动的，一旦他们的积极作用被激发出来，那么，他们对广告传播所形成的规范力量将是不容忽视的。

五　研究方法

经济学家罗伯特·海尔布隆纳（Robert Heibroner）说："如果让我指出资本主义国家中最具有破坏力的因素，以及资本主义道德不断败坏的最主要原因——我会毫不犹豫地认为是广告。谁还能找到像广告那样贬低优美的语言、玷污绝妙的思想，并不知廉耻的东西？"[②] 而广告伦理学的研究就是为了维护广告活动本身以及与之相关的整个广告生态环境健康和谐发展的原则和规律。广告伦理学研究与广告活动有关的伦理现象，揭示其内

---

① 陈绚：《广告道德与法律规范教程》，中国人民大学出版社，2002，第19页。
② Robert Heibroner, "Demang for the Supply Side," *New York Review of Books*, 38 June, 1981, p. 40.

在的规律。作为一门交叉性边缘学科，综合广告学与伦理学的科学思维方式是其主要特色，马克思主义的科学世界观与方法论是我们所应坚持的基本研究方法。广告伦理学是一个广阔的研究领域，可以从不同的方面研究，其中主要有以下三种方法。

（一）历时研究

广告在不断发展，只要考察广告史，就会发现不同时期或历史阶段的广告有不同的形态和特点，显示出时代的烙印。历时广告伦理学是一种纵向的"线性"研究。虽然广告的历史不是很长，但我们已经足以观察到不同时期广告运作、广告形态、广告观念的一些特征。

广告的差异、广告的发展是多种力量作用的结果，政治、经济、科技、文化的发展变化都会推动广告的发展。历时广告伦理学关注的是文化的发展与伦理道德观念的变化与广告发展的内在联系和规律。不同时期有不同的伦理观念、道德衡量标准，广告传播者和广告受众生活在特定时期的伦理世界中，他们的观念、思想、情感、态度、行为和生活方式受到伦理语境的影响和制约。广告不论是作为伦理表现形式，还是作为传播者和受众之间的"话语"方式，都会自然受到它们所处时代伦理道德规范的观照。历时广告伦理学应在广告发展和伦理进步这两条线索之间找到联系性和规律性，从这个意义上说，广告伦理学是广告史研究的一部分。

（二）共时研究

广告既是一个历史的概念，又是一个现实的概念，伦理学也是如此。广告与伦理的联系可以沿着历史发展的"历史轴"研究，也可以沿着并存的"共时轴"研究。前者是关于广告伦理的历史研究，后者是关于广告伦理的共时研究。

共时广告伦理学是一种"截面"研究。如果从动态的观点看，广告和伦理都是在不断地变化发展着的；但从静态的观点看，广告和伦理在某一历史时期又有相对的稳定性。共时广告伦理学以承认这种相对稳定性为基础，以某一历史时期的广告和伦理道德观作为横截面，研究该时期的广告运作方式、广告形态、广告观念与该时期伦理道德观之间的联系，研究广告怎样受伦理的制约和影响，如何反映各种伦理因素，又如何影响伦理道德观，从而揭示它们互动（interact）的规律性。共时研究是一种静态研究，原则上它只涉及"如此"的广告与"如此"的伦理道德观，不涉及广告的演化和伦理的演化问题。

广告伦理的历时研究和共时研究都属于广告伦理学的研究，只是各自研究的侧重点和方法不同，但研究的目标是一致的。虽然它们涉及的广告现象和伦理现象不尽相同，但都研究广告文化，研究广告与伦理的关系。例如，它们都会研究广告的伦理反映、伦理制约、伦理利用和伦理推助等问题，它们的研究成果是互补的。同时，历时研究要以共时研究为基础，只有在对一个个共时的截面有了明晰的认识以后，才能准确、清楚地把握事件发展的脉络。

（三）比较研究

广告伦理学的比较研究是就不同时期、区域的广告，从相同或相异方面研究它们与伦理道德之间的联系。不同时期有不同的广告运作方式、广告形态、广告观念，受到不同的伦理道德观的观照，可以进行比较研究，分析广告与伦理现象之间的某些对应性。广告伦理学的共时研究在很大程度上依赖于比较研究，所不同的是，不同时期之间的比较研究侧重于广告的异或同，并从伦理道德上对这些异同作出阐释，而历时研究除了比较异或同并作出阐释以外，还要找出不同时期广告之间的联系，以及与文化发展过程之间的联系。

广告伦理学的比较研究既涉及广告与广告的比较，又涉及伦理与伦理的比较，是广告与伦理结合的两两比较。不论是不同时期之间还是不同区域之间的比较研究，都必须注意不同比较对象各自的同一性。例如，我们可以比较中国广告与日本广告之间的伦理现象，这不仅因为中国广告与日本广告之间有差异，而且因为这些差异可以从中国伦理道德观与日本伦理道德观的差异上作出解释，但这种比较要以中国广告、日本广告、中国伦理观、日本伦理观各自的同一性为基础。中国和日本只是国家概念，而今天广告传播和伦理的文化传播已经超出了国度和地区限制，这使得一个国家或地区的广告形态和伦理形态多元化、复杂化，因此不能把出现在中国的广告现象或伦理现象都归入中国广告或中国伦理，将出现在日本的广告现象或伦理现象都归入日本广告或日本伦理。有人对西方广告与东方广告进行了比较，并从东、西方伦理差异进行解释，这是完全可能的，因为不仅东、西方广告和东、西方伦理都显示出各自的特征，而且这些特征既具有同一性，又具有差异性。

不论是历时研究、共时研究还是比较研究，都是广告伦理学的研究方法，虽然研究的侧面不同，但它们都是在广告伦理学的研究框架下进行的。

六　创新之处

目前，我国学术界对广告伦理的研究，特别是对广告设计伦理的研究尚处于理论探讨阶段，深层理论研究相当滞后。然而，随着广告业的发展和广告设计研究的深入，人们发现，一些广告现象无法用现有的广告学理论作出解释，有许多外在的因素影响和制约广告设计和广告活动，因此需要与外在因素结合起来审视和研究广告现象。本书从道义论的独特视角出发，提出了基于六项责任的商业广告伦理构建模式：基于伦理责任的商业广告伦理——广告伦理体系；基于法律责任的商业广告伦理——广告法律体系；基于监管责任的商业广告伦理——广告监管体制；基于职业责任的商业广告伦理——广告行业自律；基于社会责任的商业广告伦理——公众道德示范；基于公益责任的商业广告伦理——公益型广告引导。

（一）视角新颖独特

研究广告伦理问题是当前国内外新兴的学术交叉点，而目前国内对广告伦理的研究尚处于起步阶段，有关广告设计的伦理研究则相对滞后，研究成果少，道义论视域中的商业广告设计伦理这个课题目前国内尚无专著及博士论文。本书寻求应用道义论的伦理研究新视角，将研究对象瞄准商业广告活动中的伦理问题，深入探讨两者的互动情况。论著紧扣诸如"网络广告及手机网络广告伦理失范"等当前国内舆论热点，结合当代商业广告主体伦理职责的实际困境，具有一定的实用性、创新性、科学性、可行性和专业性，为有效的商业广告活动实践提供依据和指导。此外，还提炼出一些有创新性的观点，比如，商业广告设计伦理缺失的危害包括：破坏市场经济的正常运行；消解和谐社会的诚信指数；扭曲社会主流的价值观念；阻碍商业广告产业的健康发展。

（二）理论支撑有力

坚持以发展的伦理学体系为指导，在广告学的学科体系中寻找理论依据，同时努力尝试参考其他学科的理论知识，构建多维研究视角，力求论证严密。一方面吸取了伦理学前沿的价值理性、经济伦理、国际伦理、责任伦理、人本主义伦理、生态伦理来构建纵向分析理路。另一方面也重视借助其他学科的视角，使有关商业广告活动与伦理约束的互动关系的研究更深刻，更具学术价值。论著参考了传播学、营销学、美学、心理学、法学、社会学等理论来组建多维横向分析网络。

（三）实证论述扎实

对广告伦理学的研究，已有研究采用的方法大多属于描述性定性研究。单纯依凭理论思考与逻辑演绎来构设"普遍性"或者应然性的原理原则的定律式研究的影子，经常会出现在本学科的研究中。深入被研究对象当中结合商业广告活动进行科学的观察分析和调查研究，充分占有第一手资料，并进行多角度的"以问题为取向"的实证分析，还显不足，本书试图在这方面作出突破，深入商业广告主体群中去获取有效的第一手资料，并对获取的信息进行信度、效度分析。

第二章

❧❧❧

商业广告的伦理审度：道义论与功利论之争

前些年，在少数"权威"的广告学者鼓吹"经济不需要道德的干预""商业广告的唯一目的是追求利润的最大化""讲利就不可能讲义"之时，很少有人对这些观点进行逻辑分析和前提追问，绝大多数人没有思考这些观点中的"经济"是什么经济，"道德"是什么道德，"义"是什么义。于是，一部分原本善良的商业广告负责人和管理者也默认了这个观点，制定并执行了许多讲利不讲义的决策，从而无意识地陷入了义利对立的陷阱。然而，更多的人受到长期的传统道德故事和政治要求的影响，认定社会群体意识里的义是忠义，是无私奉献和舍己为人，据此理解义利关系，自然也产生了困惑。如何正确理解商业广告的义利内涵，特别是如何理解商业广告之义，是探讨商业广告道德传播的基本概念和前提。

一　伦理理论之争端

道德的终极标准是什么？自古以来，一直有功利论与道义论之争。"道义论"与"功利论"作为伦理学理论的两个流派对道德终极标准理论的争辩就一直没有停止过，二者在价值理念、方法论、体系建构以及对伦理学的理解上都存在诸多分歧。理论和观点的对立很容易把人们推向对立的两极，于是人的不完整性和矛盾性也因此更加突出。

（一）功利论与道义论

在人类社会的发展过程中，有两种道德理论曾经先后或交替作为整个社会的价值导向有效地规范着人们的行为。按照对待道德行为的不同目的，或者说对待快乐和幸福、利益和需要的不同态度，道德理论可划分为道义论和功利论两种主要类型。它们之间彼此纷争不息。以康德、儒家思想为代表的道义论和以边沁、密尔的思想为代表的功利论往往处于对立位置。

1. 功利论

功利论与道义论相反。功利论作为一种道德理论，通俗地讲就是主张人的行为道德与否以行为的结果为尺度。凡行为结果给行为者及相关的人带来好处，或带来利大于弊的结果，就是道德的，否则就是不道德的。[①]功利主义使义务和权利概念从属于最大利益概念，使行为正当性由最大利益来决定。功利主义不仅把道德，而且把人当作手段，使之服从于最大化的利益追求，它使道德之学成为谋利之学。

就中国而言，功利主义在 2000 多年前就已经产生，其功利思想主要是和"义利之争"联系在一起的。义即道德，利即利益。先秦时代的墨子是功利论的代表。墨子主张"兼相爱"、"交相利"和"兴天下之利"，墨子的"兼相爱"是和"交相利"联系在一起的，即爱中包含着利的内容，他认为爱人应该是"有力者疾以助人，有财者勉以分人，有道者劝以教人"（《尚贤下》）。墨子所讲的利，指的是社会的公利，他希望达到的效果是"饥者得其食，寒者得其衣，乱者得其治"。[②]

法家的集大成者韩非也是我国早期功利主义的代表人物。韩非认为"好利""自为"即自私自利是所有人的本性，人与人之间的关系就是利害关系，各用计算之心对待。他说"好利恶者，人之情也"（《难二》）。"安利者就之，危害者去之，此人之情也"（《奸劫弑臣》）。韩非用这种自私自利的"自为心"分析人与人之间的关系，他认为君臣关系就是一对利用

---

① 阿玛蒂亚·森主编《超越功利主义》，梁捷译，复旦大学出版社，2011，第6页。
② 邢兆良：《墨子评传》，南京大学出版社，2011，第25页。

和买卖的关系，即"主卖官爵，臣卖智力"（《难一》）。甚至父母和子女的关系，韩非也认为是一种相互计算的利害关系："父母之于子也，产男则相贺，产女则杀之。此俱出父母之怀衽，然男子受贺，女子杀之者，虑其后便，计之长利也。故父母之于子也，犹用计算之心以相待也，而况无父子之泽乎？"（《六反》）总之，韩非认为人们总是依据个人利益来处理自己与他人的关系，是自私心在支配人的行为，韩非主张人性自私是为了论证其倡导的法家思想的合理性和必要性。①

两宋时期的李觏、陈亮也是功利主义思想的代表人物。李觏反对汉代董仲舒的"重其谊不谋其利，明其道不计其功"的非功利主义观点，肯定了人们对利欲追求的合理性。他说："利可言乎？曰，人非利不生，偈为不可言？欲不言乎？曰，欲者人之情，偈为不可言？"李觏用朴素唯物主义观点阐述人与自然的关系，认为自然界是人赖以生存的基础，是人类获利之源。"生五谷以食之，桑麻以衣之，六畜以养之，服牛乘马，圈豹栏虎，是其待天之灵。"（《策定易图序论》论六）因此，他认为物质财富是一切社会活动的基础，一切社会制度和礼仪都是圣人依照人们的欲求和物质利益而定的。② 陈亮认为，人都有追求物质欲望的本性，因此，讲人道、讲道德，就应该依据人们的物质利益，即"功到成处便是有德；事到济处便是有理"（《止斋文集答陈同甫》）。道德学问是通过功利理论表现出来的，而功利理论本身也包含着道德。评价一个人是否有德，不应该看他的心，而应该看他的迹。这里说的心是动机，迹是效果。陈亮反对同时代朱熹"用心即仁义"的观点。认为"人的心是通过迹表现出来的，没有迹，就无从盼心，世界上没有超功利的义理，甚至圣贤也是讲功利的，古代的尧舜禹三位圣贤的大德就表现为他们的大功"。③

明末清初，由于产生了资本主义萌芽，一些思想家开始反对宋明道学空谈义理的做法而强调"经世致用"，提倡实事实功。在义与利的关系上，庸甄认为道德准则是与人民的物质利益分不开的，他说："农安于田，贾安于市，财用足，礼义兴。"（《善施》）在他看来，太平盛世，社会道德

①　宋洪兵编著《韩非子解读》，中国人民大学出版社，2010，第14页。
②　姜国柱：《李觏评传》，南京大学出版社，2011，第36页。
③　田浩、姜长苏：《功利主义儒家——陈亮对朱熹的挑战》，江苏人民出版社，2012，第37页。

风尚淳朴，在于百姓安居乐业，生活富足。一切善施、善政都必须从"救民"的前提出发，以达到对人民有利这一目的。他认为，判断一个人的贤愚，必须看其对社会是否有实际用处。① 唐甄认为，人类社会活动的特点在于有一个明确的实用目的，即"就好避恶""求其所乐，避其所苦"。因此为利是支配人类行为的普遍法则，才和功是人性的自容。"所谓才就是实际办事的能力，功是行为的功效，没有才和功就不可言性"。②

在西方，有关"功利"的理论可以追溯到以普罗泰格拉为代表的智者学派和以德谟克利特、伊壁鸠鲁为代表的感性主义伦理学学派。后来发展到英国唯物论者洛克、霍布斯，法国的爱尔维修、霍尔巴赫，德国的费尔巴哈这一派经验论哲学家的伦理学思想，几乎都是快乐主义、幸福主义或者理性利己主义、功利主义。③ 可见，功利主义在西方源远流长，是西方道德哲学的一种传统。英国资产阶级道德功利主义发端于 17 世纪的培根、霍布斯和洛克等人，他们认为人的本性都是趋乐避苦的，是利己的，把道德建立在人的抽象本性和个人私利基础之上，道德以符合人性和个人私利为标准。18 世纪法国唯物主义者最早提出社会关系中的个人利益和公众利益关系问题。如爱尔维修认为，人与人之间的利益本无冲突，不良的政治和教育制度造成等级差别，使个人利益和公众利益发生冲突；在"合理"的社会中，两者趋于一致，追求公众利益将成为人们普遍的道德标准。到 18 世纪末 19 世纪初发展成以边沁的思想为代表的功利主义伦理学。边沁在其著作《道德与立法原理导论》中谈道："自然把人类置于两个之上的主人——苦与乐的统治之下。"在边沁看来，人的道德行为根本就是人的本性的现实表现，是受人性规律支配的价值行为。"趋乐避苦是人的天性，它既支配着人类的一般行为，也是人类的道德行为的最终动因。所以追求快乐和幸福，避免痛苦和不幸，是所有人道德行为的真正动机和目的。"④ 约翰·穆勒则继承了边沁的学说，并于 1822～1823 年组织"功利主义学会"，最早使用了"功利主义"一词。

---

① 杜卫：《审美功利主义》，人民出版社，2004，第 14 页。
② 杜卫：《审美功利主义》，人民出版社，2004，第 16 页。
③ 阿玛蒂亚·森主编《超越功利主义》，梁捷译，复旦大学出版社，2011，第 5 页。
④ 蒂姆·摩尔根：《理解功利主义》，谭志福译，山东人民出版社，2012，第 54 页。

当代美国道德哲学家弗兰克纳给功利论下了一个明确的定义。他说"功利原则十分严格地指出，我们做一件事情所寻求的，总的说来，就是善（或利）超过恶（或害）的可能最大余额（或者恶超过善的最小差额）"，"这里的'善'与'恶'，是指非道德意义上的善与恶"。功利论又分行为功利论与规则功利论。所谓行为功利论，是说不依据规则，而是根据当下的情况，决定行为，只要它能够带来好的结果便是道德的。规则功利主义是依据规则能够带来好结果的行为即为道德行为。近代社会的世俗化及资本主义的兴起，人际伦理取代人生伦理成为人们主要思考的对象，对规则的需求超过了对美德的需求。功利主义是以建立一个最高的道德原则用以规范人民的全部义务和权利，并从它出发派生出我们的全部道德标准的一种伦理学。此后，"资产阶级功利主义便伴随着西方市场经济发展的脚步，演变成现代功利主义。就像硬币的"两面一样"，功利主义似乎成了市场经济不可剥离的一面。"[①]

功利主义以最大化的利益作为道德标准，认为人们的行为本身并无对错之分，只有行为所导致的价值才使得行为具有道德性，如果不借助于行为的外在效果，就无法断定某种行为是否应该去做。"功利主义以幸福或快乐总量作为评价一切事物包括道德事物的标准，因此，它必然把财富的增长、福利的增加、物质利益的满足、效益（率）的提高、国民经济的发展等作为头等大事，把道德等其他东西皆作为手段为此目的服务，哪怕牺牲公平、人权、精神品质，道德理想也在所不惜。"[②]

功利主义作为一种伦理导向，在历史上具有重要的意义。一方面，作为近代乃至现代资本主义社会的道德导向，它完全与资本主义经济发展的需要相一致；另一方面，作为一种道德它确实在规范人们的行为方面起到了重要的作用。近代资本主义所建立的是自由的商品经济，与此相对应，要求人必须具备独立的竞争能力，它对个体的强化是功利主义的核心内容。"功利主义作为一种道德价值学说，当然不等于利己主义，但是其立足点和出发点仍然是个人的需要，是以'利己心'为基础的。"[③]

---

① 蒂姆·摩尔根：《理解功利主义》，谭志福译，山东人民出版社，2012，第 68 页。
② 阿玛蒂亚·森主编《超越功利主义》，梁捷译，复旦大学出版社，2011，第 11 页。
③ 杜卫：《审美功利主义》，人民出版社，2004，第 7 页。

2. 道义论

"义务论"（deontology）亦称"道义论"（theory of duty）。它的主要代表当推儒家、基督教伦理学家、康德、布拉德雷、普里查德、罗斯以及今日西方义务论美德伦理学家如迈克尔·斯洛特和格雷戈里·维尔艾泽考·Y. 特诺斯盖等人。它判定人的行为道德与否，不是依据行为的结果，而是行为本身或行为依据的原则，即行为的动机正确与否。凡行为本身是以道义、义务和责任作为行动依据，以行为的正当性、应当性作为道德评价或行为依据的原则，不论结果如何都是道德的。恰如弗兰克纳所说："道义论主张，除了行为或规则的效果的善恶之外，还有其他可以使一个行为或规则成为正当的或应该遵循的理由——这就是行为本身的某种特征，而不是它所实现的价值。"[①]

道义论在中国就是以儒学为代表的传统的重义轻利的道德观。儒家的道义论以孔子的观点为发端，它奠定了整个儒家道德理论的基础和框架，孔子说：义（即道德）比利益更重要更根本，要用义来指导和决定利益。一个有道德的人应该"谋道不谋食""忧道不忧贫""义以为上"。他说"饭疏食饮水，曲肱而枕之，乐亦在其中矣。不义而富且贵，于我如浮云"（《论语·述而》）。他把自己的观点概括为一句话："君子喻于义，小人喻于利。"就是说，看一个人是"君子"还是"小人"就看其追求的是道德还是利益。孔子偶尔也提到"利"，主张"国民之所利而利之"，但这里的"利"是指公民的"公利"，而非一己之"私利"。孔子"罕言利"，指出"放于利而行，多怨""见小利则大事不成"。[②] 孟子进一步发展了孔子的思想，将义与利绝对地对立起来，提出"养心莫善于寡欲"。他在见梁惠王时说："王！何必曰利？亦有仁义而已矣。"（《孟子·梁惠王上》）"生亦我所欲也，义亦我所欲也，两者不可得兼，舍生而取义者也。"[③] 董仲舒说："正其谊不谋其利，明其道不计其功"（《汉书》卷五十六《董仲舒传》）。似乎他的境界更无私、更圣洁、更高雅。他认为义是善的，利是恶的，利是对义的破坏，"凡人之性，莫不善义，然而不能义者，利败也"

---

① 欧阳润平：《企业伦理：实现义利统一的理论与方法》，湖南大学出版社，2008，第31页。
② 安乐哲：《孔子的哲学思微》，李志林译，江苏人民出版社，2012，第45页。
③ 杨译波：《孟子评传》，南京大学出版社，2011，第26页。

（《玉英》）。因此他告诉人们要尽义就必须安贫乐道，贫贱自守，"夫人有
义者，虽贫能自乐也。而无大义者，虽富莫能自存"（《身之养重于义》）。
这是儒家道义论伦理观最典型的表述。① 宋明理学家不仅非常重视"义利
之辨"，强调"义利之说乃儒者第一义"，而且进一步将其演变为"理欲之
辨"，提出"存天理，灭人欲"的主张，更是极端的道义论。可见"重义
轻利，是中国传统道德观和价值观的核心，它在春秋战国就已形成，但至
今仍深刻地影响着中国社会。正因为如此，道义成为中国文化中的重要概
念"。②

　　西方的道义论由苏格拉底开先河，他主张"美德即知识"，试图给道
德提供具有普遍必然性的理性基础。"柏拉图在《理想国》中设立了最高
的、绝对的善，他认为人生的根本目的就是达到至善。这种传统经过笛卡
儿、斯宾诺莎到康德发展到顶峰。"③ 康德认为，伦理学要从先验的普遍道
德律出发，而这种纯粹理性的道德法则，作为适用于一切人的绝对命令，
人们必须无条件遵守，即在善良意志的支配下，为尽义务而行事。人们行
为的善恶，不应当在道德法则之前先行决定……而只应当在它以后并借着
它来被决定。由此判断善恶的标准，就与外部事物和人的利益无关，取决
于道德法则。善就只是要符合道义，而不是关心功利。但是，"康德的道
义论与当代道义论尚有某些区别，康德道义论所发出的服从道义规则的命
令主要是针对个人的，它要求个人严格克制自己的感性欲望而遵守义务规
则，不得伤害他人"。④

　　道义论到了当代，并非某些人的偶然思想创作，而是战后历史背景下
人们共同面对的某些现代性事件的理论结晶，它之所以形成思潮并构成一
个思想群体并非偶然。从理论背景上看，20 世纪初开始，功利主义实际上
已经衰弱，功利主义在理论上缺乏论证，其衰微势所必然。但是，它在实
践中的影响仍具广泛性。当某些保守自由主义者（主要在英国、德国）以
共产主义为批判对象时，像罗尔斯这样的美国学者就会举起批评功利主义

---

① 王永祥：《董仲舒评传》，南京大学出版社，2011，第 27 页。
② 欧阳润平：《企业伦理：实现义利统一的理论与方法》，湖南大学出版社，2008，第 32 页。
③ 龚群：《当代西方道义论与功利主义研究》，中国人民大学出版社，2002，第 57 页。
④ 龚群：《当代西方道义论与功利主义研究》，中国人民大学出版社，2002，第 89 页。

的大旗。他们共同思考的核心是个人权利的维护问题，他们所批评的对象与意识形态和冷战并无太大关系，因此，当冷战结束后，这一执守道义论的群体的意义便凸显出来。哈贝马斯理论的核心问题同样是个人权利问题，并为此共同抵制来自共同体主义之目的论的批评。所谓个人权利，按诺齐克的定义，是指对他人尤其是对政府行为的道德边际约束，它给他人或政府行为强加上不可逾越的道德限制。"尽管在权利包含什么样的内容上，道义论群体内有着尖锐的对立，但他们都认为，一旦某项要求设定为权利，就神圣不可侵犯，在设定权利上，所要考虑的不是利益，也不是效率，而是人的尊严，正是人所具有的尊严，使道德权利具有神圣性。"①

总而言之，"道义论"强调的是道德动机的道德法则、纯洁性的道德价值和绝对性的崇高性，认为存在一种独立于"善"并支配"善"的正当，正如康德所认为的，道德行为的动机是善良意志，它是自在的"善"，是具有普遍价值道德的东西，不是来自上帝的意志，也不是来自人的自然本性和世上权威，它只能是来自人的理性本身的善良意志，这种善良意志不是因快乐而"善"，因幸福而"善"或是因功利而"善"，而是因其自身而"善"的"道德善"。

道义论也具有一定的局限性，因为它割断了道义与人的实际利益之间的联系，把价值与行为的路线，归结为与人们的利益需求毫无关系的道德义务和服从，换句话说，就是没有从道德行为的内涵去把握道德，不能确切地回答道德行为的动机是什么、目的是什么，倒是功利论在这些方面给出了回答，当然是许多人不赞同的回答。

（二）"义""利"之辨

道义论和功利论的理论纷争是多方面的，虽然我们不能把它们理解为两种完全无关，或者水火不容的伦理学理论，但其理论分歧也是显而易见的。道义论强调的是世界上唯一能称得上善的东西，是我们的善良意志，因为，善良意志是不受任何限制的。如果善被迫与某种条件、结果或目的性联系起来，那就不能被认为是真正的善。而功利论是先选择结果，再选

---

① 欧阳润平：《企业伦理：实现义利统一的理论与方法》，湖南大学出版社，2008，第34页。

择行为不一定能达成的结果，导致行为偏离道德轨迹。康德伦理学的基本起点与功利论是完全不同的。康德并不认同道德来自我们想帮助他人的倾向，他认为道德是理性与感性抗争后的产物。道义论认为道德由理性的意志决定，是出于人的自觉的一种善的行为，即是不计功利、不讲结果的，纯粹由义务感驱使的善的行为。功利论认为在道德上是正确的，只是当或仅当这种行为能为所有那些受这种行为影响的人带来的最好的结果才是可能的，强调的是结果的善。[①]

善又表现在行为上，行为须体现无功利的善，而这就是所谓的"道义"。对于道德行为来说，唯一合适的动机就是义务感，但是功利论是先选择功利的结果再作出行为判断，这在本质上是一种自私行为，属于不道德行为。道义论具有内在性，这种内在性来源于人们向善的本性，人们为道德而道德的本性；功利论强调的是外在性，即先有利他，后有互利，强调的是结果。道义论的有利性在于：更能为道德而道德，这种善是一种纯粹的善，这种纯粹性体现在利他的纯粹上，是本身具有的一种利他的倾向。[②]

把行善看作人的义务，将会在社会中形成一种无私的道德风尚。而功利论是为了结果而选择行为，这会导致人人都为获得功利而去选择行为，社会容易产生道德危机。康德认为：功利论的理论与人的尊严是不相容的。康德说："功利主义总是教会我们如何把人当成一个实现目的的手段，但这种做法是道德上不允许的。"这违反了他的人性原则，即作为自主的存在者，每个人都有权利决定自己要成为什么样的人。康德认为，功利论的缺陷在于，并没有把惩罚限制到罪行，也没有把惩罚的程度限制到犯罪的严重程度。对于功利论者来说，惩罚是为了保证社会福利，因此，在功利论者看来，如果通过惩罚一个无辜者就可以促进普通福利的话，那么在道德上是允许这样做的。但在康德看来这样做违背了正义。[③]

当然，道义论也有缺陷，表现在三个方面：一是把个性和情感看作与个人的道德评价完全无关的因素；二是僵化、刻板；三是忽视了现实生活

---

① 龚群：《当代西方道义论与功利主义研究》，中国人民大学出版社，2002，第 13 页。
② 龚群：《当代西方道义论与功利主义研究》，中国人民大学出版社，2002，第 21 页。
③ 龚群：《当代西方道义论与功利主义研究》，中国人民大学出版社，2002，第 79 页。

中的道德是复杂的这一问题。

有的学者认为，功利论要比道义论原则更实际。康德说："道德完善就是出于义务而履行义务。"那么，什么样的行为才能让人们做到为义务而义务呢？显然，就是只为利人而利人的无私利他。因为只有"无私利他"才是品德的完善境界，因而符合使人的品德达到完善的道德目的，才是道德的，才是绝对的。是否无私利他是评价行为是否道德的唯一终极标准。由此可见，道义论反对的利、功利，仅仅是私利、目的是利己，而不是公利、利他。因此，道义论和功利论的区别在于为谁的利益而行为。道义论把道义和无私利他作为道德的终极标准，而功利论把增进每个人的利益作为终极标准。①

功利论是建立在痛苦与快乐这两种人类最基本的情感基础上的，这种观点确实忽略了人的内在性，只是把道德看成一种手段，认为人类被置于苦与乐的统治之下，人们的言行和思想都受其支配，只有它们才能告诉人们应做什么以及如何来做。在功利论者看来，伦理学体系是建立在承认痛苦与快乐对人类的制约的基础上的。如果把快乐和痛苦的因素去掉，不但幸福一词会变得毫无意义，而且道义、正义、责任和美德这些词都会变得毫无价值。而康德的义务论却正是看到了人的内在性。②

由此可见，功利论肯定道德对利益的依赖关系，并坚持从利益出发来说明道德，坚持利益对道德的优先性和决定性；道义论由于意识到了道德与利益的不一致关系，因而强调道德对利益的至上性。对"道德与利益"关系问题的不同认识与回答是功利论和道义论的根本分歧所在。

可以说，无论是纯粹的道义论还是纯粹的功利论，都是比较极端的，其结果要么是过分强调利益关系，要么是过分倚重道德行为。功利论的缺陷是容易陷入"利用关系"的困境，让人认为功利关系即是通过使别人受到损失的办法来为自己取得利益（人剥削人），自己从某种关系中取得的利益对这种关系来说总是异己的。理性道德的本质是在利益之间寻求平衡与和谐。人的利己性冲动常常超出理性道德的控制能力。事实上，理性道

---

① 龚群：《当代西方道义论与功利主义研究》，中国人民大学出版社，2002，第126页。
② 龚群：《当代西方道义论与功利主义研究》，中国人民大学出版社，2002，第137页。

德很多时候还为利己行为提供合法性支持，成为其面纱和工具。

（三）"义""利"论的传承与发展

马克思主义伦理学承认功利论、道义论作为规范伦理学存在的价值，认为这是古往今来人类不可或缺的两种道德论。尽管它们的表现形式、理论形态不断改变，但它们的存在是客观事实。马克思主义伦理学在继承功利论、道义论原有规范伦理学优秀成果的基础上，超越性地提出了自己的新规范伦理学。

马克思主义伦理学的哲学基础规定了它内在地包含功利论与道义论两种理论形式。

我们知道，马克思主义的规范伦理学是马克思主义哲学的一部分，是马克思主义哲学的分支学科。马克思主义哲学是马克思主义伦理学的理论基础和价值观。

马克思主义哲学是唯物的辩证法，是辩证的唯物论。它认为物质、存在是第一性的东西，精神、意识是第二性的东西。精神、意识是存在的、物质的派生物，但对存在、物质有巨大的能动作用。在马克思主义者看来，精神的东西离不开物质，一旦离开物质，精神现象将无法解释，变成虚无缥缈、神秘莫测的东西。从这样的世界观、价值观出发，观察分析伦理、道德现象，马克思主义者认为：伦理、道德现象是一种思想的社会关系，一种精神现象，它依附于物质的社会关系，即依附于物质利益关系。恰如马克思在《神圣家族》一书中所说的："'思想'一旦离开'利益'，就一定会使自己出丑。"① 道德、伦理是物质利益关系在人们思想、观念中的反映。一切伦理、道德观念都是从物质利益关系中引申出来的。因此，马克思主义的道德论，必然是功利论的，必然重视人们行为的物质效果，重视人民大众的利益。正因为如此，马克思说："人们奋斗所争取的一切，都同他们的利益有关。"② 毛泽东也说过，马克思主义教导人们正确地认识自己的利益，并且团结起来，为他们自己的利益而奋斗。人民大众的利

① 《马克思恩格斯文集》第 1 卷，人民出版社，2009，第 286 页。
② 《马克思恩格斯全集》第 1 卷，人民出版社，1956，第 82 页。

益、工人阶级的利益同全人类的利益相一致。马克思主义的道德观，恰恰是为工人阶级的利益辩护的。①

毛泽东《在延安文艺座谈会上的讲话》中说："世界上没有什么超功利主义，在阶级社会里，不是这一阶级的功利主义，就是那一阶级的功利主义。我们是无产阶级的革命的功利主义者，我们是以占全人口百分之九十以上的最广大群众的目前利益和将来利益的统一为出发点的，所以我们是以最广和最远为目标的革命的功利主义者，而不是只看到局部和目前的狭隘的功利主义者。"② 这里讲得很清楚，马克思主义者承认，并主张功利主义是行为的一种指导原则，不过这不是狭隘的功利主义，而是人民大众的功利主义。③

同时，马克思主义者认为，共产主义的理想与信念至关重要。为共产主义理想、信念而奋斗而献身而自我牺牲是共产主义道德的体现。刘少奇在《论共产党员的修养》中写道：共产党除了阶级的、民族的、全人类解放的利益之外，没有自己的特殊利益。他说："在个人利益和党的利益不一致的时候，能够毫不踌躇、毫不勉强地服从党的利益，牺牲个人利益。为了党的、无产阶级的、民族解放和人类解放的事业，能够毫不犹豫地牺牲个人利益，甚至牺牲自己的生命，这就是我们常说的'党性'或'党的观念'、'组织观念'的一种表现。这就是共产主义道德的最高表现，就是无产阶级政党原则性的最高表现，就是无产阶级意识纯洁的最高表现。"④ 从刘少奇的这段论述中可以看出，我们无产阶级的共产主义道德观，即马克思主义的道德观是名副其实的道义论。⑤

综上可知，马克思主义的道德论，既是功利论又是道义论。功利论是基础、道义论则是它的引申与升华。

从道德、伦理文化遗产的传承性上看，马克思主义伦理学，必然包含功利论与道义论的优秀成果。马克思主义的伦理学说，是工人阶级以及一

① 罗国杰主编《马克思主义伦理学》，人民出版社，1982，第512页。
② 《毛泽东选集》第3卷，人民出版社，1991，第864页。
③ 罗国杰主编《马克思主义伦理学》，人民出版社，1982，第514页。
④ 刘少奇：《论共产党员的修养》，人民出版社，1962，第37~38页。
⑤ 罗国杰主编《马克思主义伦理学》，人民出版社，1982，第517页。

切劳动者利益的理论反映，同时又是人类道德、伦理文化的有机组成部分。

我们知道，道德、伦理文化是人类文化的结晶。人类文化的发展同其他事物的发展一样是连续性与阶段性的统一。马克思主义伦理学是人类文化史上，道德、伦理史上的一个环节、一个段落，它的产生及发展是历史的必然。它对此前伦理、道德观加以扬弃即辩证地否定。故此，它要对功利论、道义论的规范伦理学，在新的历史条件下进行审视、批判、分析、继承、改造、吸纳就是顺理成章的事了。

二　伦理与传播

在一般伦理划分中，社会伦理、职业伦理、家庭伦理是常见的三个基本范畴。除此以外，人们还按照生活领域或事物的属性等，划分出一些其他的伦理范畴，比如生命伦理、环境伦理、科技伦理等。传播伦理很难划归到社会公德、职业道德和家庭道德三个范畴中的任何一个，因此很容易引起道德困境。传播伦理应是社会伦理的一个特殊方面，属于人类的传播领域。研究传播伦理，除了伦理道德的基本问题之外，首先要解决传播的基本伦理问题，包括传播的道德属性、传播的道德功能和传播的伦理特点等。

（一）道德困境及其产生的原因

人类刚刚开始直立行走、燧石取火、狩猎捕鱼、结成部落之时，就通过结绳记事、甲骨铭文的方式确定了协调利益冲突的道德规范，随着人类文明的发展，道德规范体系逐步完善。如今，道德以特殊的观念、情感、意志和信念等意识形态，渗透于每个人的生活之中，并通过法律、宗教以及舆论和规制的形式存在于所有有人的地方，协调人们的利益行为。既然如此，大家各自按共同的道德规范行事不就相安无事、和谐安定了吗？为何还需要伦理学来研究人们的利益行为，研究利益行为应该遵循怎样的道德规范，以及所遵循的道德规范是不是道德的，甚至为何还要追问究竟什么是道德的？

在日本有这样一个案例，一家传播媒体的一名职员为客户公司制作发布了虚假信息，而虚假信息是法律不允许的非道德行为。案发后，该职员接到警署传讯。作为公民，按照法律和公民道德的要求，他必须向警方说实话，不得作伪证；作为职员，他所接受和遵循的公司道德是绝对忠诚于公司的利益，不应做有损公司利益的事情，而这意味着要他对警方隐瞒事实真相。面对职业道德和公民道德的两难选择，该职员怎么做都不道德，于是，他选择了自杀。类似的问题不仅存在而且很普遍，我们称之为"道德困境"。

"道德困境"（moral dilemmas）是指左右为难、好心没好报的情形——各种道德标准相互矛盾，却又不能偏废其中的某一种因而觉得痛苦。每个人都生活在一定的道德体系中，而人作为社会人存在的本质就是道德人，但是人的欲望无限，道德却要予以限制，这是人类无法逃避的不自由。除此之外，还有很多人和组织管理者因为陷入道德困境而痛苦。其实，这种痛苦往往是可以避免或者减轻的。出路就在于理解并把握道德困境存在的原因和规律，增强道德理性，拓展道德思维空间。

1. 道德关系多维性引发的道德困境

道德关系是由利益关系决定的，按照一定的道德观念、道德原则和规范所形成的一种特殊的社会关系。其中，最基本的关系就是与物质生产活动直接相联系的经济关系，即不是通过人们的意识而形成的"物质的社会关系"，所谓"食色，性也"。与此相适应，为了处理好物质关系中的各种矛盾和冲突，人们需要保护共同利益的规则，这些规则相联系便形成了道德关系。在道德关系中，既有道德主体，也有与道德主体相对应的道德客体或道德对象（一切人和由人组成的组织、团体，都是道德客体和道德对象）。在多维的社会生活中，每个人或每个组织都既是道德主体也是道德客体，与各种人或组织形成各种复杂的社会关系。根据从小到大的成长经验，人们本能地理解人与人的道德关系，接着认识到人与社会及工作单位的道德关系，而一个组织成立之初便从其存在的意义中体会到与工作对象和社会各方面的道德关系。

就传播而言，它从诞生就面临客户、制作公司和传播媒体这些传播主体的利益需求，同时还面临外部顾客、社区政府、制作商等多方面的利益需求。多维的道德关系意味着多维的价值趋向,不同的利益相关者有不同的预期。然而传播主体所能提供和出让的利益却是有限的,这就意味着对传播主体行为的道德评判具有多种可能性。例如,传播主体奉行的价值观是社会责任高于一切,为了维护顾客和社会的利益即使公司破产也在所不惜,但结果并不一定会得到各方面的道德肯定或道德赞许,因为在很多人看来,即使传播主体作了许多社会贡献,但是公司毕竟破产倒闭了,员工失业了,设备贬值了,怎么能说它是道德的呢?

道德关系是物质社会关系的最直接反映,是思想社会关系中法权关系和政治关系的价值依据。根据商品交换的特征,人们以平等、互利、自由为道德原则建立了交换过程中的道德关系,又由此引申出保护私人劳动财富不受侵害的法律,以及以传播主体发展为目标导向的政治关系。然而,非人类的生物是否也属于道德对象或道德客体?古典伦理学,如康德的伦理学是不赞同将非人类的生物作为道德对象或道德客体的,只是到了20世纪70年代,随着环境伦理学的诞生,人们才将非人类生物纳入道德对象和道德客体范畴。也就是说,人类在对人和组织讲道德的同时,也要对非人类生物和生态系统讲道德,道德关系扩展到了更为广阔的自然世界和无限的宇宙,有些对现实的人的道德行为,或许会因为对自然生态不道德而被制止。

2. 道德规范体系差异性引发的道德困境

由于全球化带来的共同利益和共同问题,人类已经形成了许多道德共识,如博爱、仁慈、诚实、守信,如不杀生、不偷盗、不奸淫、不欺瞒、不妄语等,但是不同地区、不同国家、不同民族的道德规范体系仍然有着极大的差异性。

首先,道德规范体系要素存在差异。从道德作用的角度看,道德规范体系可以分为三个强度不一的子系统。道德规范体系的第一个子系统是软约束,包括道德习俗、道德传统、道德舆论和社会道德心理。第二个子系统是强约束,包括法律法规和被固化为不同制度的道德原则。第三个子系统是刚约束,主要是宗教和人们常说的天理,是人无论是否处于牢狱之中都无法摆脱的对神秘世界的恐惧和敬畏。三个子系统的关系是:道德习俗、道德传统、道德舆论和社会道德心理是法律法规制度的前提依据,法律法规制度是道德习俗、道德传统、道德舆论和社会道德心理的强制性体现，而宗教则是道德习俗、道德传统、道德舆论和社会道德心理的源泉。三个子系统共同构成保障社会组织、家庭有序和谐运行的堤坝，少一个都不行。社会如此，国家如此，广告主体亦是如此。但是，因为约束强度不同，在人们实际应用时会存在差异，这就是人们通常评价一种行为或面临一种选择时在合情、合法、合天理之间犹豫和为难的情形。

　　其次，不同的民族对某一种道德规范的理解可能大不相同，甚至完全相反。如孝敬父母，这是人类共同的道德规范，但是不同民族在相关问题的处理上却很不一样。中国子女在父母面前必须保持谦恭、唯命是从，而西方则崇尚平等独立、相互理解的朋友式关系；中国古代孝敬的内涵包括"父母在，不远游"，而现在是"好男儿志在四方"。再如尊重人权、尊重生命是人类共同的道德准则，但是，面对一个大脑已经死亡的植物人该怎么办？当代最令人困惑的道德问题是跨民族、跨国家交往带来的道德困境。按理说一个人在不同的文化氛围中从事经营活动，入乡随俗不仅是自己在当地生存发展的保障，也是对当地文化的一种尊重。但是，倘若在该地发布虚假信息也是普遍的现象，不加入虚假信息就难以成事的话，这个人是否应该抛弃本国经营的道德准则，加入虚假信息的行列以求得利润呢？反之，如果这个人为了维护自己的道德准则，坚持不加入虚假信息并大加批判当地的经营道德的话，是否就应该得到赞扬和认同呢？掌握着1510亿美元投资的全球最大退休基金"加州公务员退休计划"（Calpers）出售了其在菲律宾、泰国、印度尼西亚和马来西亚所持有的全部资产，理由是这些国家不符合 Calpers 所奉行的新投资标准，这些标准包括检查人权、劳工标准、民主进程、法制公平、政治稳定、新闻自由程度和会计账目是否清晰等社会道德因素。对此，人们的看法不一。

　　再次，行为与动机的差异产生的困惑。除了上述两种困惑之外，道义论、功利论反映出来的层次差异也会增加人们的道德困惑。因为，尽管道义论、功利论都具有共同的道德底线，那就是不能损人利己，但道义论强调动机是否道德，而功利论强调结果是否道德，于是，人们常常面临另一个尴尬，那就是在行为动机与行为结果不一致的情况下，是根据结果还是根据动机来判断行为的道德与否呢？例如，前几年盗版碟畅行，从国外引进的 VCD 机无法播放这种盗版碟。一些生产 VCD 的厂家为了解决消费者的苦恼，推出"超强纠错"VCD，并在宣传中表示任何盗版碟都能放。此例的困惑是，传播主体的愿望是满足消费者的需要、为消费者服务，这在客观上的确解决了消费者这方面的困难，然而这种服务是在鼓励盗版行为，鼓励偷窃行为，对音像市场的败德行为起了"助纣为虐"的作用。现实中动机不道德而结果道德，动机道德但结果不道德的实例常常发生，如此，作何评判和选择呢？

道德关系的多维性、道德主体的多重性和道德规范的多样性，常常使人们面临道德困境。只有那些对这一点有所认识，对利益相关者之间的关系和道德规范体系及其规律深有所知和深有所思的管理者，才能比较自如地摆脱道德困境，作出正确的决策。

（二）伦理在传播业的发展

在人类生活的各个角落，传播、文化关系与利益冲突无处不在，道德意识、道德原则、道德行为、道德后果、道德评判如影随形。有传播的地方就有道德，差别在于遵循何种道德，以什么方式或能力遵循何种道德，以及道德后果有何不同。而人们遵循某种道德原则处理文化关系与利益冲突（无论是内在的还是外在的），不断化解道德困境的过程，就是我们通常所讲的伦理的传播。

1. 传播的道德属性

传播作为一种有目的、有意识的社会互动行为，与各种社会价值系统的关系都不应被忽视，其中必然包括社会道德价值系统。我们不能不考虑传播者和受众的道德观念，不能不考虑传播所赖以存在的伦理秩序，不能不考虑社会道德对传播的制约作用。毋庸置疑，我们正处在一个信息爆炸的时代，已覆盖全球的网络等传播方式和传统的媒体传播方式时刻影响着我们生活的方方面面。

传播受制于社会道德是毫无疑问的，在此，我们主要探讨人内传播的伦理属性问题。通常人们把传播区分为四种类型：人际传播、群体传播、组织传播、大众传播。如果说上述传播类型必然关涉道德问题，我们认为是没有争议的，因为上述传播模式都必然涉及社会个体之间或社会群体、组织乃至整个社会的利益关系，因此其道德伦理属性一目了然。而当谈及人内传播的伦理道德属性时，则可能产生分歧。有人认为，人内传播也会涉及道德问题。人内传播实际上存在一个自我的对象化问题，也就是说，虽然信息在传播者内部构成一个传播系统，且不与外界产生信息交换，但在其自身的传播过程中会假想存在一个传播对象，可能是传播者自身或是其他受众。因此，在传播者自身的假想过程中，也存在道德价值判断，其中包括了对自身的和对交际对象的道德价值判断。由此观之，人内传播似乎也具有道德属性。我们认为，探讨上述问题必须首先界定什么是"人内传播"，什么是"道德"。既然道德是一种社会现象，是在人际交往过程中产生的，那么如果没有人际交往，也就不存在道德问题。如果把"人内传播"界定为传播者的自身行为，那么，其内部就不涉及道德问题。至于传播者自身的对象化或者假想存在其他交际对象，那实际上已经不是或者说超出了"人内传播"的内涵，变成了另一种意义上的人际传播，即在对人内传播作出具有道德属性的判断中，是以人的社会化为前提的。也就是说，具有道德属性的人内传播，实际上指的是已经被社会化了的人，是已经具有一定的道德观念和道德判断能力的人，且具有把自己对象化的假设。而对象化的假设，实际上是在把人内传播扩大化为"人际传播"，只是其存在方式还受限于传播者自身内部罢了。此外，这种意义上的道德，也是旁观者参与的结果，因为我们在说人内传播具有道德属性的同时，实际上已经把人内传播扩大化了。所以，可以说，个人自身的内部传播基本不会涉及道德伦理问题。

2. 传播的道德功能

传播的道德功能也是传播的道德属性的一个重要方面。关于传播的功能传播学家已经总结了很多，比如"经济功能""政治功能""一般社会功能"以及"监视""指导""管理""说服""娱乐""教育"等功能。除此之外，传播的社会功能还应包括伦理功能或者道德功能。作为人类交流及社会运作的基本途径和方式，传播起着调控、组织人类行为的作用，并构成了社会生活的一部分，其中也包含了道德生活。只要关注一下身边的各种传播活动，我们就不难发现，整个社会价值系统的运作无论是政治的，还是文化的、经济的都离不开传播、离不开媒体。如果把传播在社会生活中的主要功能概括为调控精神和物质生产生活两个方面的话，那么，传播在调控精神生活时就具备了两种功能，即塑造和消解社会意识系统、社会价值系统的功能和娱乐功能。前者多是理性的，后者多是感性的。这两种功能从伦理角度看，实际上都是道德功能。有时候，人们认为传播具有文化传承的作用，这其中也包括社会道德价值系统的传承作用。具体分析，传播的道德功能可以概括为道德建构功能和道德消解功能两个方面。

（1）传播的道德建构功能

传播的道德建构功能，指的是传播在社会道德体系的形成、巩固等方面的作用。在人类道德体系的构建、维护中，在社会公众的道德观念形成、稳定，道德修养及其提高中，传播都具有积极作用，主要体现在以下方面。

第一，调节人际伦理关系。微观上，人际传播（包括通过现代通信手段，如电话、手机、网络等的传播）调节的是社会个体与群体之间以及社会个体之间的日常关系，这实际上也是一种伦理关系。而大众传播，比如报纸、影视、杂志等，调节的主要是政府、国家与公众之间的关系，这种关系也是一种利益关系，是一种伦理关系。当然，大众媒体也调节社会群体、公众与个体之间的利益关系。

第二，调节并塑造、维护公众道德意识系统，调控社会群体以及社会个体的道德行为规范。传播或者说传播媒体都具有塑造社会意识形态，包括塑造道德意识系统的作用。任何社会的政治意识、政权意识等都是在传播中传输、形成、塑造和维护的，古代如此，今天也不例外。"每一个社会的统治阶级都需要通过大众传播来塑造并维护整个社会的道德价值系统，乃至社会群体和个体的道德价值观念。"① 比如在社会信度、信念的构造方面，传播具有重要的作用；比如改革开放后，大众传播对社会道德价值系统的塑造作用。

第三，塑造和维护传播行为的道德规范系统。"在长期的社会实践中，传播也需要并形成了一定的道德规范系统。"② 比如，传播行为应该符合特定的道德伦理制度，就是一种道德准则。再如，在同一个道德价值体系

---

① 陈汝东：《传播伦理学》，北京大学出版社，2006，第134页。
② 陈汝东：《传播伦理学》，北京大学出版社，2006，第134页。

中，传播的信息应该客观、真实，也是一种道德准则。这些道德准则的形成及维护，同样是传播的道德功能的一个方面。传播道德是社会道德系统的一个有机组成部分。

第四，传递信息、协调社会行为、实施社会控制、促成并维持社会秩序。除上述三个方面外，传递信息、协调社会行为、实施社会控制、促成并维持社会秩序等功能，也可以看作传播的积极道德功能。

此外，需要指出的是，任何传播行为都是历史的、具体的，因此讨论传播的道德建构功能，不能超然于道德价值体系之外，对传播的道德功能应做辩证分析。

（2）传播的道德消解功能

"传播既具有道德建构功能，也具有道德消解功能。"[1] 传播能构造社会信度、打造社会道德偶像、培育公众信仰，媒体可以塑造英雄、领袖、公众道德偶像以及社会道德模范，但它同时也可以消解社会信度、摧毁公众道德偶像、粉碎公众的道德理想和信念，因此，传播是一把双刃剑。传播对社会道德的消极影响主要体现在以下方面。

第一，一些不良传播行为会损害甚至是破坏社会道德体系。虚假新闻是对诚实的消解，伪科学是对真理的消解，断章取义是对真实的消解。各种背离社会道德要求的传播行为，都是对人类基本道德规范的侵蚀和解构。不过，这种侵蚀和解构，又反作用于人类对真理、正义、诚实的追求，强化人类对道德体系的完善和对道德理想的追求。

第二，即使是在一定的道德价值体系中被认为是健康的、积极的、文明的传播行为，也具有一定的道德消解功能。因为道德都是具体的、历史的，不但民族之间具有道德差异，即使在同样的社会制度下，不同的社会群体也具有道德差异。因此，在一定道德价值系统中被认为是积极的、健康的传播行为，对于其他社会系统来说，则可能是消极的、不健康的。

第三，在社会变革时期，传播同样会作用于新的道德系统的重建和对旧的社会道德系统的消解。比如，我国社会主义道德体系的建构过程，同时也是封建半封建社会道德体系的消解过程。这些都离不开传播，都可以

---

① 陈汝东：《传播伦理学》，北京大学出版社，2006，第135页。

看作传播的道德。以上分析说明，传播的伦理功能具有双重性，即建构功能和消解功能。既有积极的一面，也有消极的一面。

3. 传播伦理及其特点

所谓传播伦理，就是传播过程或传播行为所涉及的道德关系，传播道德是人类传播行为的道德以及与传播行为有关的道德，是人类传播活动中处理各种利益关系所遵循的行为准则，不仅包括传播主体的道德品质和道德修养，同时还包括传播的道德观念、道德准则、道德行为、道德评价等。此外，我们想指出的是，传播道德不仅包括信息获取、整合、处理以及传输中的道德，同时也包括信息的接收、析出、接受以及评价过程中的道德。"传播道德是关涉完整的传播过程及传播行为的道德"①，因此，传播伦理学既要研究信息传输的道德，同时也要研究信息解析的道德。

（1）传播伦理的特点

作为社会道德的一个重要方面，传播道德或传播伦理既有一般社会道德的属性，也有自己的特点。传播道德是社会道德的一个方面，因此，它具有道德的一般属性，比如利他性、理想性、自觉性、阶级性、层次性、民族性和时代性等。当然，这些属性与其他道德的属性具有一致性，同时也具有差异性。利他性作为道德的一般日常语言指向，就是指传播行为是有利于他人的，不是自私的，是好的、善的，是道德的，是符合社会道德要求的。当然，传播伦理并不只研究符合社会道德的传播现象和传播行为，它也研究背离社会道德的传播现象和传播行为。传播道德的自觉性，指的是传播主体主要通过内心信念实施道德自律而不是他律，自觉实施符合社会道德要求的传播行为，遵守社会道德规范。传播道德的理想性，是指传播的道德规范出于社会现实，又高于社会现实。传播道德的层次性，指的是传播道德内部构成以及存在方式具有一定的层次性和传播领域的层次性，前者如传播道德准则、道德观念、道德规范、道德行为、道德素养和道德评价等，后者如政治传播道德、新闻传播道德、科技传播道德等。此外，传播道德还具有阶级性、民族性和时代性。不同阶级、阶层，不同民族，不同时代，传播道德的具体内涵也存在差异。这些构成了传播道德

---

① 陈汝东：《传播伦理学》，北京大学出版社，2006，第145页。

的一般属性。

传播道德的独特性主要体现在其传播性上。传播道德或传播伦理是人类传播领域中的道德问题，而不是人类其他生活领域或方面的道德。传播道德是关于传播行为的，而不是关于人类其他行为的。传播行为是一种符号或媒介行为，是一种信息交流行为，因此，"传播道德是关于人类符号行为或信息交流行为的道德"。① 这是传播道德有别于其他人类道德的本质特点。

综上所述，传播道德具有利他性、自觉性、理想性、层次性、阶级性、民族性和时代性，同时也具有传播性。充分把握传播道德的上述特点，对阐释传播道德的性质、传播道德的准则，分析具体传播行为的道德价值等，具有重要意义。

（2）传播道德的普遍性、专属性、层次性

作为人类传播行为的道德，传播道德既具有一定的普遍性，同时也具有一定的职业道德属性。传播是人类社会的普遍现象，它涉及人类生活的方方面面，因此，传播道德具有普遍性。在如"记者""作家""编辑""演员""导演""播音员"等职业传播系统中，其传播对象对信息的接收行为，并不属于职业范畴，因此，受众的信息接收道德，同样不属于职业道德范畴。所以，传播道德既具有普遍性，同时又具有职业的专属性。在传播伦理研究中，也有人主张传播道德是职业道德。这种观点不免失之偏颇，因为其只注意到了传播道德的专业属性，而没有考虑到传播道德的普遍性、大众性。

此外，还应注意传播道德的层次性。一方面，应注意传播主体的道德观念差异。每一个传播主体都具有自己的道德观念、道德标准，这些差异将直接影响传播主体对其传播行为的价值判断。另一方面，还应注意不同组织、社会群体以及不同社会的传播标准差异和道德观念。此外，还应注意传播道德的领域差异。传播领域不同，公众对传播道德的期望、要求也具有一定的层次差异。比如，在人际传播过程中，传播主体多为社会个体，其关涉的利益关系及传播行为的是非善恶评价，多限定在交际双方的

---

① 陈汝东：《传播伦理学》，北京大学出版社，2006，第 147 页。

道德观念和利益关系之中，这与大众媒体传播显著不同。此外，社会实用传播与文学艺术传播也具有不同的道德要求。实用传播关涉的是实际的社会生活，其对传播信息的客观性、真实性要求十分高；而文艺传播是一个以生活为基础的虚拟的信息系统，传播主体与传播受众对文艺所传递的信息的客观性、真实性的期望，与实用传播显著不同。人人都清楚，文学艺术是虚构的，主要是供人们娱乐的、消遣的。上述这些是实施传播行为和进行传播道德研究时应注意的。[①]

（3）社会主义传播道德的属性

道德都是具体的历史的，尽管不同时代、不同民族、不同社会阶层的道德具有共同性、融合性以及继承性，但它们又分属不同的社会制度、群体和时代，因此各具特点。传播道德也一样。资本主义社会有自己的传播道德，社会主义社会也有自己的传播道德。[②] 毫无疑问，社会主义制度下的传播，特别是大众媒体传播是为社会主义制度服务的，它以人民大众的利益为根本。当然，随着形势的变化，"人民"这个概念的内涵和外延也在不断变化，因此，社会主义传播道德指向的内涵也在不断变化。比如，在我国，20 世纪 80 年代以前它具有一定的稳定性，而 20 世纪 80 年代以后社会结构变化迅速，"人民"的内涵和外延与之前有所不同。传统理论上的"人民"和实践中的"人民"是有差别的，与之相应的传播道德观念也发生了变化。

当然，无论是社会主义社会的传播，还是资本主义社会的传播，都强调"责任"与"自由"，尽管它们的外延和内涵明显不同。社会主义制度下的传播，传播主体特别是大众传播主体，忠于共产党、忠于人民。而资本主义社会的传播，则忠于资本主义制度及其纳税人。我们不妨做如下概括，任何社会的大众传播主体，都是忠于各自的社会制度、社会统治者和社会主体的，尽管它们内部不乏对抗。这是历史事实，也是一条基本的传播规律。

三　商业广告的道德性

在义与利面前，各种传播主体都面临道德考验。可以说，在商业传播

---

①　陈汝东：《传播伦理学》，北京大学出版社，2006，第 182 页。

②　陈汝东：《传播伦理学》，北京大学出版社，2006，第 186 页。

领域，人性的善恶表现得淋漓尽致。作为商业传播的一种重要形式，广告是展示人世百态的一个重要窗口。"现代广告设计作为 20 世纪以来迅速发展起来的一种艺术形式，已经深入人们社会生活的方方面面，现代广告设计早已突破原先那种直白的商业推销模式，越来越注重自身文化品位的提升。"① 广告不但反映了整个社会的道德现状，同时也折射出一个行业、一些传播主体以及受众的道德现状。从形形色色的广告中，我们可以体悟到不同社会阶层、群体、个体的人生观、价值观、幸福观等各种道德形态，广告传播中的道德冲突也是所有传播领域中最为严重的。

（一）商业广告运行的道德性

经济学、传播学等学科关于广告道德问题的探讨佐证了广告的道德性，而之前我们已经说过传播的本质就是在伦理的基础上，用伦理学的表述方法来论证描述传播的道德性特征。

尽管广告传播理论的兴起与发展源于广告主体提高获利能力、增强经营实力的经济需求，但其理论发展的趋势却已经或正在进一步指向尊重利益相关人的利益、与利益相关人共同发展的伦理化传播。这种趋势的出现是广告的社会性随着社会发展而发展的结果。

尽管营利性将广告主体与其他社会组织区别开来，但是，广告主体首先是一个社会组织，是一个以利益关系为基础，以契约关系和义务关系为保障的社会关系主体，其行为必然受到社会关系运行规律的制约，离不开社会运行调控系统——道德系统（包括制度形态的道德、观念舆论形态的道德和宗教形态的道德）的制约。

1. 广告是协作性的利益集合体

广告是一个由内部协作和外部协作构成的利益关系集合体。广告主体的行为过程是利益选择与分配的过程，受到道德的制约和影响。

由各种利益主体集合而成的广告主体，总是在不断地作出利益选择，而每一种广告主体的利益选择都是道德性选择。首先，广告主体总是依据一定的道德来选择如何获取利益，如何分配合作的利益。在获取利益上是

---

① 郭欣欣：《现代广告设计中对中国传统文化理念的运用》，《四川戏剧》2015 年第 6 期。

选择损己利人、利人利己，还是损人利己；在分配内部合作利益时是按业绩分配，还是按亲疏、按资历分配；在分配外部合作利益时是按资源效率和法律行规分配，还是按非经济特权分配①；是依据可靠的事实分配还是依据经不起检验的理由分配；等等。无论哪一种选择，都是分配决策者的道德思想和道德观念的反映。其次，企业总是依据一定的道德原则来协调和化解各类利益冲突。② 例如，广告主更重视哪些人的利益需求，什么样的利益需求被认为是值得认同和维护的，哪种利益是不被许可和不受保护的等，反映的是广告主实际遵循的价值观。从整体上来说，没有哪个广告主体的利益选择不是道德的，只是其所遵循的道德原则或秉持的道德观念不同而已。这便是广告主体道德状态差异客观存在的原因。

作为利益集合体的广告主体，其所有行为都涉及利益的权衡和选择，而所有利益选择都受制于一定的道德观念和原则，这就决定了广告主体既是经济实体也是道德实体。

2. 广告是以契约方式运行的利益集合体，契约和履约行为都是道德的体现

在市场经济时代，契约是所有经济活动有序进行的纽带和保证。就广告而言，无论是制度式的契约还是合同式的契约，无论是文本式的契约还是口头的契约，无不是道德的体现。

首先，契约是广告利益相关者谈判利益的保证形式，是合作道德的具体体现。为了寻求大于独立工作收益的合作收益，多个利益主体组成了广告主体。广告主体在合作的过程中，为了保证自己的投入不会被其他合作者毫无回报地使用或占有，在协商和相互认同的基础上，以契约方式明确各自在合作中的权利与责任，以确保双方认同的利益能够实现。

其次，契约是一种信用形式，是广告主体利益相关人彼此信任，或是对法律和社会道德力量信任的体现。在市场经济社会里，参与缔约的各方在签约前都具有一定的信用理念：或是相信对方提供的信息是有诚意的，相信对方会遵守契约的规定；或是相信即使对方毁约，自己的利益也可以

---

① 张金海：《试论商业广告的文化传播性质与功能》，《江汉论坛》1997 年第 8 期。

② 陈汝东：《传播伦理学》，北京大学出版社，2006，第 284 页。

通过法律和社会道德舆论得到保护或补偿。正因为契约的信用特征，人们才得以认识市场经济的信用本质。

再次，契约有效的决定因素是诚实，或者说有效的契约是缔约者诚实的体现。契约作为一种信用形式，要求所涉及的交易信息是真实的，要求缔约方的态度是诚恳的，否则，契约不可能被真正地履行，签约各方的真实利益也无法得到实现和保障。因此，广告主体与利益相关人之间的履约情况，被一些信用评估机构用来判断广告主体的诚信度，甚至一个国家的诚信度。

最后，契约的有效运行还依赖缔约者的道德义务感。受广告内外部市场不确定以及信息不对称的制约的影响，各种契约几乎都不可避免地存在或暗藏许多先天性缺陷，加上履约过程中各种影响因素可能会发生意想不到的变化，契约所确定的责任和权利边界常常变得难以确定，任何一方都有可能从中找到对自己有利而对对方不利的漏洞。因此，仅仅通过契约表述的义务与权利来保证合作者的互惠互利是远远不够的，还需要增加各方的道德义务感。事实上，许多广告主体间持久的合作，成功的战略联盟，大都有道德义务感的支撑。

由以上所述的利益关系、责任关系和契约关系构成的广告主体，因为最基本的利益关系的影响，实际上是受一定道德意识、道德原则和规范支配，以利益互置的运动方式而存在的相对稳定的道德关系主体。所以说，"广告既是经济实体也是道德实体，广告行为无法摆脱道德的制约"。[①]

（二）商业广告目标的道德意蕴

当以上的论述从广告客观存在的道德问题与广告主体的产生和运行特征角度证明了广告既是经济实体也是道德实体之后，一个不能回避的问题就产生了：广告存在与发展的目标是否可能脱离道德的制约。

1. 广告利润目标唯一化的疑惑

我国市场化改革的前一段时期，基于对古典经济学"完全理性"和"经济人"的人性认识，一些专家以"利润最大化是广告唯一目标"的思

---

① 李淑芳：《广告伦理研究》，中国传媒大学出版社，2009，第95页。

想指导我国的市场化改革，提出"经济不需要道德的干预"等变相的"义利对立"观点，这在各方面决策者都缺乏对市场经济的深入研究的时代局限下，在实用主义的旗帜下，得到了广泛的认同。然而，在经历了多年的改革实践之后，在对广告主体发展的经验教训有了更多的研究之后，尤其是在人们对市场经济的理论研究更深入了之后，"利润最大化是广告唯一目标"的主张遭到了广泛的质疑。

首先，怎样界定最大化？是广告纵向的比较利润最大化还是广告主体与行业比较的利润最大化？是广告主认定的利润最大化还是经营传播者认定的利润最大化？是同一记账方法下的利润最大化还是不同记账方法下的利润最大化？其次，是谁的利润最大化？是广告主的投资利润最大化还是经营传播者的利润最大化，或是广告主体整体的利润最大化？再次，利润最大化是人们追逐的唯一目标吗？为什么一个员工会因为得不到设计总监的尊重而放弃工资较高的岗位，而一个设计总监也常常无法仅用钱来调动员工的积极性？

2. 广告利润目标唯一化的缺陷

对"利润最大化是广告唯一目标"的疑惑促使人们不断反思，后来逐渐认识到利润目标唯一化的明显缺陷。首先，利润目标唯一化必然导致重物不重人，重视人的物质需求和经济利益，不重视人的精神需求和道德利益。广告是由多类利益相关人集合而成的利益共同体，人既是广告行为的主体也是广告行为的客体，人既有物质需求也有精神需求。因此，广告的目标自然要受到利益相关人多重需求的制约，自然要考虑不同背景下利益相关人需求的变化，重物不重人、重经济需求不重精神需求的广告主体肯定难以长期存在。

其次，利润目标唯一化不由自主地将利己性的获利当作行为的主要动机和衡量行为价值的唯一尺度，而不考虑他人的利益状况。这可能导致广告从业者为了实现利润最大化而采取欺诈或暴力的手段，不惜损害他人的利益，甚至其初始动机就是剥夺他人的利益，如现实生活中的剥削员工、制假播假、以次充好、偷税漏税、行贿勒索等行为，这会导致原本互利性的交换纽带中断，出现"经济失灵"的社会局面，使社会整体的资源和福利受到损失，并最终影响广告行业的发展。

3. 正确的广告目标中不能缺失道德目标

我国市场化改革前，由于大多数广告主体没有理清广告的经济目标与道德目标之间的关系，如只讲经济目标不讲社会目标，只讲物的发展不讲人的发展，只讲近期利益不讲远期利益，只讲生产成本代价不讲社会道德代价等，客观上加剧了我国广告行业在制度不完善、法律不健全条件下的行为失范，这也是广告主体经营不成功的重要原因。事实证明，广告的经济目标和道德目标互为前提。只讲经济目标不讲道德目标的广告不仅不道德，且会因为损害了道德关系而不经济；只讲道德目标不讲经济目标的企业不仅不经济，且会因为其经营失败浪费了社会资源而不道德。

广告主体要想获得可持续发展，必须做正确的事情，确定正确的目标。受商品生产内涵的为他服务与为己谋利并存和统一的伦理属性的制约，正确的事情是指既利他又利己的事情，正确的目标自然是利他目标与利己目标的统一，利润目标与道德目标的统一。然而，过去在许多从业者和研究者看来，广告的经济目标与道德目标总有冲突和对立，因而总觉得道德目标是广告经济目标达成后才可以考虑的目标。随着我国市场经济体制的逐步完善，这种对立性的看法逐渐被纠正，越来越多的广告主体自觉或不自觉地接受了市场理性和市场规律的教训，认识到广告的经济目标和道德目标内在的统一性，在广告行业发展目标体系中提出了包括环境责任、社会责任、股东责任、职业责任等在内的道德目标，并不断地探讨实现这些目标的途径和方法，而不是仅停留在口头上或纸面上。

第三章

商业广告的本质属性及伦理价值

　　广告处在一个广阔的社会环境和传播环境中，广告业的发展和广告活动的开展，都无法脱离它所处的外部大环境、行业小环境和社会信息传播环境，并受广告业自身现实条件的制约。无论是广告的内部环境还是外部环境，都对广告起着制约、调整、促进等作用。广告是由广告主、广告公司与大众媒介共同参与完成的传播活动。除了广告内容以外，广告的传播方式和传播途径也一样要遵循伦理的要求。[①] 而广告伦理也是在广告内外环境因素的影响下逐步发展的，起着规范广告行为的作用。本章将首先总结中国广告业及广告伦理的发展状况，然后透过整个广告大环境来看广告伦理的发展，并阐述广告环境与广告伦理的互动关系。

一　商业广告伦理与广告环境

　　广告在中国有着几千年的发展历史，但广告作为一个产业，真正发展起来却是在改革开放以后，其增长速度为世界瞩目。广告业要发展，仅仅靠"艺术"的归属与"伦理"的制衡似乎还是不够的，广告只有归入商业

---

① 李蓉、张晓明：《电视植入式广告的媒介伦理与合法性问题》，《电视研究》2010 年第 1 期。

范畴才能确立自身在经济格局中的重要地位。① 我国广告业适应市场经济发展的要求，遵循广告业发展的规律，与时俱进、自主创新，取得了令人瞩目的成就。

（一） 商业广告环境的内涵与构成

"中国现代广告意识发端于 1979 年前后，到 1992 年前后趋于翔实和完整。"② 近年来，我国广告业适应市场经济发展的要求，遵循广告业发展的规律，与时俱进，自主创新，广告环境也趋于优化，取得了令人瞩目的成就。

广告环境从宏观来看有政治环境、经济环境、文化环境和消费环境等，而从中观和微观来看，广告环境则与进行广告活动的媒体环境息息相关。中观环境包括广告投放过程中媒体的大环境、趋势和现状以及某个媒体的频道环境等。微观环境就是指广告投放该时段的段位环境即广告时段安排、广告插播、竞争品牌广告情况等。

1. 广告环境的含义

广告业作为一个独立的产业，在整个社会系统也只是一个很小的部分，处在一个广阔和复杂的外部世界包围之中。无论是整个广告产业还是具体的广告活动，都无法脱离它所处的社会和行业的现实条件。广告受到特定的社会经济、政治、文化等环境因素的影响，是反映特定社会存在的一面镜子；广告本身就是社会文化、政治、经济的一个组成部分，对整个社会有潜移默化的影响。

广告环境也有广义和狭义两种。广义的广告环境指整个发展所处和广告存在的世界，在这个世界中蕴含着对广告发展有巨大影响力的诸多因素；狭义的广告环境指执行具体广告活动的地点、时间和存在于当地、当时的对广告活动计划和策略具有影响力的诸多因素。

广义上的广告环境不仅影响整个广告发展进程，也影响着广告伦理的发展，对整个广告伦理起着制约和促进的作用；狭义的广告环境也不仅仅

---

① 祝帅：《麦迪逊大道和耶路撒冷有何相干：李尔斯关于美国广告文化起源的新教伦理阐释》，《国际新闻界》2015 年第 11 期。

② 余虹、邓正强：《中国当代广告史》，湖南科学技术出版社，2000，第 51 ~ 52 页。

影响具体的广告活动（如策略、计划、实际效果），它对广告的道德影响起着至关重要的作用。

2. 广告环境的构成要素

广告环境是指影响和制约广告活动策略、计划的诸种环境。影响广告活动的环境包括两个层面：一是影响广告活动的产生、发展的整个外部环境，包括自然环境、经济环境、人文环境、政治环境、文化环境、科学技术环境等；二是影响广告传播活动实施的内部环境，如广告经营环境、广告竞争环境、广告技术环境、广告人才环境、广告批评环境、广告自律环境、广告交流与合作环境等。

同时，广告的整体环境是针对广告的传播环境而言的，即由传播体制、传播媒介、广告产业、广告主、广告对象及竞争品牌等因素构成的环境。

（二）广告业发展的外部环境

广告业的外部环境是十分重要的，主要包括政治环境、经济环境、社会文化环境、科学技术环境、人口环境等要素。

广告的产生与发展依托于整个社会大环境的存在，广告是社会发展到一定阶段的产物。随着社会经济的发展，从最初的叫卖广告到现在日益丰富的广告形式，广告逐渐成为一个人才密集、技术密集、知识密集的高新技术产业。这才是广告业的定位，也是社会对广告业的要求。只有适应特定的社会环境，广告业才能得到更好的发展。和其他产业一样，广告业在发展过程中也会产生各种问题，这些问题也会引发社会的其他问题，广告伦理应运而生。一个国家的社会观念、民主程度、相关制度的制定和执行等，都对广告业的伦理水平产生直接影响。

广告业的外部环境，不但从根本上决定广告的生存和发展，而且也对广告内部环境产生作用。其中，政治环境直接影响社会安定和大部分社会成员的生活秩序，并且可以直接引发经济的繁荣或衰退；经济环境对广告赖以生存的社会生活、经济发展产生巨大的影响力，经济环境决定着广告运作的有无、兴衰；社会文化环境决定着广告的文化品位、广告创作的文化取向，对广告公司的影响更为突出；法律环境规范着整个广告业的运作和发展；科学技术环境是指整个社会科学技术的发展水平，科学技术的不断创新，能促进广告业整体运作水平的不断提高；人口环境构成了最基本的消费者群体，从事广告活动必须研究人口环境状况，为产品确定目标市场，为广告运作寻求合理的目标消费者。

这些外部环境要素都在一定程度上影响并制约着广告业的发展，对广告活动产生潜在的、长期的影响。对于广告市场而言，广告活动必须适应和服从外部环境中诸因素的变化，积极寻找和抓住环境机遇，克服不利条件，使广告的发展与外部环境相协调，谋求发展的平衡状态。

1. 广告业发展与政治环境

政治环境，从宏观层面来讲，是指国家的政治制度、政治体制、政治形势、方针政策、法律法规等方面；从微观层面来讲，则是指广告事业的形势，以及有关部门制定的广告法规等。政治环境与其他环境因素相比，对广告并不起直接作用，却对经济发展和社会生活有着巨大影响力。

广告的功用就在于它能利用所能用的各种媒介和手段将其所表达或所想达的目的广而告之，广告不仅可以传达商品信息，同样也可以传达某些政治、民主、社会观念，并使之得以普及。以美国的政治广告为例，每次议院或总统选举前，各政党为争夺选民，都要进行广告大战，声明本党或本人的政治主张或政治宣言，期待在上台或执政后实施其纲领。同样，广告的发展大大促进了社会的进步和人民观念的多元化发展。

2. 广告业发展与经济环境

经济环境，是指整个国家的经济政策和形势，往小了说是指国家经济发展的基本情况，其中包括：工农业生产情况、自然资源情况、产业结构情况、国家投资情况、国民经济发展的速度、国民生产总值、人均收入水平、消费水平、消费结构、消费方式等。广告经营形势与国民经济的发展有着直接的关系。广告作为一种经济活动，它的发展受制于整个市场经济环境，并受一定的经济规律和市场规律的制约。

3. 广告业发展与文化环境

现代广告从根本上来讲是一种大众文化，但它的创作也离不开传统文化，它的发展必然受到传统文化强势的制约和影响。"传统文化是指一个民族在长期的历史发展过程中逐步积淀而成，具有相对稳定性和长期延续性，并且至今仍然具有影响作用的文化。"① 每个民族都有自己的特色文化，中国的传统文化最主要的特征就是儒家文化：强调天人合一，修身齐家治国平天下，使人的内在修养和外在的经世治国达到完美的统一。中华文化本身是多元文化长期融汇而成为一体的。它的连续性和稳定性对于我们民族的团结和国家的统一具有坚韧的凝聚作用，它的多元融汇进程对于我们接纳和消化异质文化也具有重要的启迪作用。广告业的发展要依托于传统文化，广告业要不断提高自己的文化品位。历史悠久、博大精深的中国传统文化促进了现代广告业的发展，是中国广告走向世界的精神财富，是中国广告走向世界的基础元素。

中国本土的广告公司，一方面要积极依托本土文化不断使自己更具特色；另一方面要在保持自己特色的基础上不断吸收先进的经营理念和管理方式，逐渐向国际化靠拢，在质的方面不断提高自己。在新时期，既坚持本土化战略又强化国际化视角才是广告的内在属性。

（三）广告业发展的内部环境

广告的内部环境决定着广告的发展方向，影响着广告的效果，内部环境主要包括经营环境、竞争环境、技术环境、人才环境、批评环境、自律环境、交流与合作环境、业务环境等。

1. 广告业发展的内部环境要素

广告行业的内部环境作为广告市场活动的特定行业内环境，是一般环境因素在广告产业这一特定领域的综合作用。把握这些产业环境要素，有利于广告市场规模、结构、速度和形态的健康升级。随着广告业的不断发展，广告的业内环境也在不断规范和完善。同样，广告业内环境的完善促使广告业不断规范。

广告的内部环境决定着广告的发展方向，影响着广告的效果。广告处于内外环境的包围中，通过广告活动的三大行为主体展开活动。

一个行业的发展离不开相关的科学技术条件的支持。支持广告行业生存和发展的科学技术条件就构成了广告行业内的科学技术环境。任何一个

---

① 陈月明主编《文化广告学》，国际文化出版公司，2002，第195页。

行业，都由从事相同或相关业务的多个机构构成，它们之间自然会存在竞争，而这种竞争在广告行业内进行得尤其激烈。竞争是绝对存在的，而在各种机构之间，信息的交流与业务的合作也必不可少。因此，广告行业内各种机构对于交流与合作的认识、交流与合作的参与者、交流与合作行为，共同构成了广告行业内的交流与合作环境。广告是一个以智力服务为主的行业，因此必然以高素质的人才为发展基石。广告行业的人才条件、人才培养机制、人才选择机制、人才交流机制，构成了广告行业内的人才环境。在外界环境通过政府法律、受众监督对广告主体的经营行为进行控制的同时，广告行业内部的各种机构还需要通过行业内广泛认可的规则对自己的经营行为进行自律，以维持良好公平的竞争环境，保证行业成员行为的合法性。这些构成了广告行业内的自律环境，包括自律规则、自律监督机构、自律行为等。

作为"文学批评"的一个同类语，"广告批评"在行业内的使用还不多，但是通过对广告本体进行评论、褒贬，提高广告本体的质量和广告服务水平非常重要。因此在广告行业内部，有必要形成一个良好的批评环境，包括形成广告批评的一般标准，培养从事广告批评的专业人员，为广告批评提供阵地等。

2. 广告业发展与广告主

广告主是为推销商品和服务，自行或委托他人设计、制作、发布广告的法人、其他经济组织或者个人。广告主主要负责给广告公司提供市场及商品资料，监督广告公司的运作过程以及验收广告成品等。广告主是广告活动的发起者、广告信息的提供者和广告费用的承担者，决定着广告活动的规模和走向。

（1）改革开放以来我国广告投放情况概述

广告主对广告的投放主要通过广告额来体现。从1979年到2016年的30多年间，人均广告费用和广告营业额迅速增加。1981年，全国广告营业额约为1.18亿元，人均广告费用为0.118元；到1998年全国广告营业额达到537.833亿元，人均广告费用增长至43.092元；2006年底全国广告经营额达1573亿元，人均广告费用达120多元；2016年电视广告投放额为5538亿元。广告越来越受到广告主的青睐，广告投放已经发生了质的飞跃。随着改革开放和市场经济的发展，特别是越来越与国际接轨，广告环境不断变化，广告主越来越重视广告对企业和产品发展的重要作用，因而舍得把钱投给广告，以更好地推销其产品，获取更多的利润。

（2）广告主自身发展对广告环境的影响

随着广告的作用和地位不断增强，广告在广告主心目中的位置也越来越重要。广告主利用广告的目的首先是传播商品信息、沟通产销、刺激需求、促进销售；其次是协同其他营销手段，增强广告主的市场竞争力。因此许多大的生产和经营性公司纷纷在其机构下建立专门的广告部门，负责企业广告的管理和运作，现在广告部门在组织机构中的地位与财务等部门处于同等重要的地位。企业设立广告部门的目的是参与制定企业战略决策，确定广告活动的整体计划，选择委托广告代理公司，以便对整体广告活动进行监督和控制，企业广告部门作为企业管理系统中的一个重要环节，一方面要协调好与销售、公关等营销系统的关系，另一方面也要处理好与生产、财务、人事等职能部门的关系，促进企业高效运作。

（3）广告主的广告观念

广告主的最终目的是将商品或服务推销出去，所以他们会使用包括广告在内的一切手段。有的广告主为了达到自己的目的，通过虚假广告、欺骗广告等手段来推销产品，对社会造成了不良影响。当然，这种不良影响并非广告主单独实现的，它是广告业多方行为主体共同作用的结果，但这其中包括了广告主自身的观念对广告施加的极其重要的影响。随着科技手段和广告业本身的飞速发展，现代广告无论是在技术上还是在创意上都有了质的突破；同时行业的运作方式不断规范，自律体系越来越成熟。作为广告整个运作环节的基础，广告主在整体上不断成熟，多数广告主具备了较为正确的广告观念，广告投放越来越注重实效，也越来越科学。大多数广告主不断加强自身的规范和自律意识，减少虚假广告和误导广告的数量，同时加大了对广告风险防范的力度，这些正确的广告观念促进了广告业的健康发展。

3. 广告业发展与广告公司

广告公司是指受广告主委托，为企业或产品进行一系列调查、分析、策划、实施广告活动的专业公司，是广告活动的主体之一。企业的广告信息正是通过广告公司创意、制作和媒体策划才得以成功地出现在各类广告媒体上的。

（1）近40年来广告公司发展概况与趋势

中国的广告公司是伴随着改革开放一步步发展和壮大起来的，从"文革"结束初期没有广告公司到目前广告公司遍地开花，我国的广告公司获得了长足的发展，取得了惊人的成就，也体现了中国经济鲜活的生命力。但目前广告公司参差不齐，许多公司经营不规范，经营方式单一，运作水平低下。广告公司数量很多，但是综合水平高、实力较强的公司却很少。同时随着我国加入WTO，国际广告公司纷纷涌入，本土广告公司受到了很大的冲击，这些都直接导致广告行业中出现了许多亟待解决的问题。

（2）入世后本土广告公司的机遇与挑战

加入世界贸易组织，中国经济真正融入了全球经济发展体系中，获得了新的增长动力和发展空间，中国广告业也由此迈上了一个新的台阶。根据入世谈判承诺，从事广告业务的外国企业，可在中国设立中外合资广告企业；在2002年1月1日后，允许外资控股；在2005年12月11日后，允许外国企业在中国设立外资独资广告企业。这意味着，跨国广告公司享受和本土广告公司相同的国民待遇。实际上，中国的广告市场早已大门洞开，该来中国的外国大广告公司可以说基本都来了。入世壁垒取消加速了跨国资本和经营力量在我国的投入，并对媒体购买、广告服务及付费方式等竞争因素形成质与量的深刻影响。同时，由于广告业是一个文化内涵丰富的产业，西方广告公司的强势文化构成了对中国传统文化的冲击，但这种影响是间接的、潜移默化的。随着国际竞争的加剧，企业广告意识的增强和广告总体投放量的增加，广告的质量和效果更被重视，广告竞争更加趋于公开、公平和公正。

中国的广告业要想与世界接轨，就必须打造出属于本土广告公司的国际化品牌，这就要求本土广告公司具备世界级的广告创意水平。但现在中国市场上绝大多数的广告内容枯燥乏味、表现形式俗套，可谓有告知而无创意。对本土受众与需求心理的把握和对中国市场的深入了解，是本土广告公司在竞争中的长处和优势，以己之长，攻彼之短，才能掌握竞争的主动权。

4. 广告业发展与广告媒体

从某种角度来看，广告主要表现为一种宣传活动。广告媒体是广告活动的承载体，是企业传递商品信息和企业观念的平台，是消费者了解企业和产品信息的中介。正是广告媒体连接了企业（商品）和消费者，媒介的发展影响和制约着广告业的发展。因此，媒介既是现代广告业发展的物质条件和前提，也是影响广告市场的重要因素。近年来，新的媒体形式不断涌现，并显示出勃勃的发展生机，但近 40 年来，我国的广告媒体主要还是电视、报纸、杂志、广播电台和户外展示牌等传统媒体，电视到目前为止依然是最强势的广告媒体。

新媒体使广告形式不断创新，也使广告目标日益分化。对于新媒体的界定，学者们可谓众说纷纭，至今没有定论。一些传播学期刊上设有"新媒体"专栏，但所刊载文章的研究对象不尽相同，有数字电视、移动电视、手机媒体、IPTV 等，还有一些刊物把博客、播客等也列入新媒体。关于到底什么是新媒体，清华大学的熊澄宇教授认为，新媒体是一个不断变化的概念，在今天的网络基础上又有延伸，出现无线移动的问题，其他新的媒体形态还有出现，跟计算机相关的都可以说是新媒体。有学者把新媒体定义为"互动式数字化复合媒体"。总之，新媒体是相对于传统媒体而言的，数字化、网络化、互动性和个体性应该是新媒体的主要特征。新媒体模糊了传播者和受众的界限，每个参与者都既是受众也是传播者；新媒体下的传播反馈机制是参与者之间的循环互动；新媒体避免了单极的舆论意见，舆论被"碾平"了。新媒体的涌现，使广告媒体的功能大大拓展，也使广告的表现形式日益丰富，但这种媒体选择性的增加，使各类媒体的受众不断分化，广告的效果变得难以琢磨。新媒体的出现从表面上看主要是由技术革新引发的，但新媒体并不是技术导向型行业，技术只是必要条件，受众对信息需求方式的变化才是最根本的因素。传统媒体也可以利用新技术，向进一步满足受众需求的方向拓展。

二 商业广告伦理与广告主

在广告活动过程中广告主作为三大行为主体之一，既是广告信息的提供者，又是广告活动的发起者，同时还是广告活动的出资者。广告主在产品和服务方面比较权威，但是在广告制作和发布方面往往不够专业。加之受到利益的驱使，围绕着广告主而产生的广告伦理缺失现象比比皆是。本部分从广告主在广告活动中应该扮演的角色分析出发，研究在不同的观念引导下，广告主所持有的广告观念和行为对广告伦理发展的影响，并提出相关的伦理目标。

（一）广告主的广告伦理观念与广告行为

广告主的观念与行为是随着近代市场经济的产生和发展而逐步演进的，可以分为生产观念阶段、产品观念阶段、推销观念阶段、市场营销观念阶段和社会营销观念阶段五个不同阶段，对广告伦理的重视程度也是从低到高。社会因素对广告主的观念和行为有一定的影响，具体包括政治因素、经济因素、文化因素、科技因素、媒介因素、艺术因素、人才因素等。

1. 古代社会的广告观念与行为

这个时期由于生产力发展水平有限，产品交易基本上是建立在诚信的基础上的。广告主发布广告也没有专门的机构和法规约束，完全靠自律。同时，由于商品经济不发达，人们也没有那么重的商业利益思维，由此广告业很少涉及伦理道德方面的问题。

（1）原始的生产方式

"在原始社会初期，人们只能以渔猎和采集的方式，利用自然界现成的动植物维持生活，人们为了生活，需要相互交往，原始的信息传播（社会广告）在社会发展中发挥了重要作用。"[①] 人类社会发展初期，由于生产力还较为落后，人与自然的斗争支配着社会活动的方方面面，信息传播活动与当时的经济发展相对应也处于较低的水平。

（2）以物易物的产品交换

社会分工导致了商品生产和商品交换的出现，而商品交换关系的形成就是市场的出现。由于商品经济不发达，货币还没有出现，人们之间的产

---

① 陈培爱：《中外广告史——站在当代视角的全面回顾》，中国物价出版社，1997，第9页。

品交换形式是物物交换，交换过程也相对简单。

（3）口头叫卖的广告形式

自从有了人类社会，便有了相互沟通信息的需求。我国最古老的广告形式是口头叫卖、吆喝。它是为了适应物物交换的需要出现的，以后逐渐发展形成了各种形式的销售现场广告，其实就是简单商品经济条件下各种原始的信息传播形式，目的仅仅是引起人们的注意以促成交易。

2. 不同市场阶段广告主观念与行为的变化

广告主的观念与行为是随着近代市场经济的产生和发展而逐步演进的。近一个世纪以来，市场营销的思想与时俱进，并且不断有新的思想和方法涌现，推动着市场的进化，同时也影响着广告主的观念与行为。总体来说，广告主对广告的认识伴随广告自身发展规律有一个逐步提升的过程，对广告伦理的重视程度也是从低到高。如前所述，按照营销广告业界公认的划分方法，市场经营观念的进化可以大体分为五个阶段。不同阶段，广告主的广告观念和行为有很大区别。由于每一个阶段之间并没有明显的界限，广告主的观念和行为以及伦理修养是一个渐变的过程，而且是在重合中向前发展的。

（1）生产观念阶段

19 世纪 70 年代到 20 世纪前 20 年，是生产观念占主导的时期，这是在"卖方市场"的市场形势下产生的一种广告观念。这种观念的前提是市场上产品供不应求，社会消费需求难以满足，企业生产出来的产品根本不用担心会卖不出去，这时企业关心的是集中一切精力提高生产效率，最大限度降低成本和获取尽可能高额的利润。在改革开放之前甚至改革开放之后的一段时间里，我国企业面对的就是这样的市场环境，广告主自然也就持这种观念，这是广告业当时发展滞后的根本原因。这种状况反映在广告作品和广告活动中具体表现为：其一，广告主以自我为中心；其二，产品畅销，不必浪费钱做广告。

（2）产品观念阶段

产品观念是指企业活动以产品为关注中心，注重提高产品质量和声誉，这种观念产生的背景是卖方市场下企业拥有较大技术优势和较高的市场控制能力。对这种观念最典型的描述是"酒香不怕巷子深"，企业因为处于市场中的强势地位，不自觉地流露出一种优越感，并不真正重视消费者的需求和广告诉求，容易产生产品自恋症。

在产品观念导向下，广告主仅仅关注自身的利益，根本不用担心产品的销路，也就不太会重视消费者的根本利益和社会道德的要求。这样做的结果是，消费者购买了企业提供的产品，却不会注意提供产品的企业，企业的品牌形象难以建立，最终损害的是企业的利益。

（3）推销观念阶段

这种观念是随着市场竞争加剧，市场供大于求，产品出现过剩和同质化，难以顺利售出而出现的。该观念认为，企业如果顺其自然，消费者通常不会大量购买某一组织的产品，因此必须积极推销并进行大量的促销活动。销售至上是这一时期广告主的主导观念，为此，一方面企业大力进行推销促销活动，另一方面甚至不惜制造假冒伪劣产品欺骗和坑害消费者以牟取利润。对这种观念最典型的描述是"假话说了一千遍就是真理"，在广告活动中主要表现为：其一，广告投放量猛增，广告业表象繁荣，获利甚丰；其二，虚假、欺骗等违反伦理道德的广告大量产生，浑水摸鱼。

在这种观念的支配下企业强调把生产出来的产品卖出去，向消费者提供的产品数量大大增加、质量大大提高，这意味着买卖双方在道德关系上发生了一定程度的变化，消费者的市场地位得到了提高。但是，企业并不真正重视市场和消费者需求，也不考虑社会效益，仍是一种企业本位主义的广告观念，把获得经济效益作为企业经营的首要目标。

（4）市场营销观念阶段

市场营销观念的产生，是市场经济发展的必然结果，这种观念强调"以消费者为中心，顾客就是上帝"。消费者需要什么产品，企业就应当生产销售什么产品。企业考虑的逻辑顺序不再是从既有的生产出发，不是以现有的产品去吸引顾客，而是正好颠倒过来，按照目标顾客的需要与欲望去组织生产和销售。这相对于以往的广告观念来说，是质的飞跃。

市场营销观念的形成被看作企业道德化经营的新阶段，在这个时期，广告主在广告伦理方面前进了一大步。但是，市场营销思想的道德化主张在实践中遇到了问题，对许多企业来说，市场营销活动的根本目的是实现企业利润的最大化，满足客户的需求不过是获取利润的一个巧妙手段和借口而已。

（5）社会营销观念阶段

在环境恶化、人口爆炸性增长、全球性通货膨胀和忽视社会服务的时代，单纯的市场营销是否适合，这样的认识和广泛兴起的以保护消费者利益为宗旨的消费者主义运动引发了反思，于是社会营销成为近年来理论界和广告界所大力提倡的一种营销观念，为一部分有实力和远见的企业主所接受并实行。这种观念认为，广告主的广告行为不能只看到眼前的经济利益，同时应该兼顾消费者的长远利益和社会整体利益。这是重视营销道德和社会责任的时代，在广告活动中表现为以下几点。

其一，近年来公司形象广告和公益广告增多。广告中自觉维护社会优良文化传统和价值观的内容大幅度增加，而香烟广告和部分医疗器械的广告被禁止在大众传媒上传播。

其二，社会营销观念要求营销者在营销活动中考虑社会问题与道德问题，必须在公司利润、消费者需要和公共利益三者之间求取平衡。

因为广告主的广告意识和行为，既关系到企业自身的生存和发展，也直接影响和制约广告市场的发育和成长，所以提高广告主的广告修养和伦理水平有利于提高整个行业的水准。

综合来看，广告主经历的市场经营观念演变过程，也是其伦理道德水平不断提升的过程。

3. 社会因素对广告主观念与行为的影响

国外的广告观念特别是欧美日的现代广告观念左右了世界广告的风向——从艺术到技术，从文化到科学，从现代到未来。现代广告公司已经发展成一种集多种职能于一身的综合性信息服务机构，它可以收集市场信息，分析信息趋势，提出产品开发意见，并将产品推向市场。广告主对广告的依赖也越来越强，难以想象这个世界有哪个广告主会不做广告而能够销售出去任何东西。广告左右着市场，而与市场相关的各种社会因素影响着广告主的广告观念和行为。

（1）政治因素的影响

广告主无法避免政治因素的影响，但同时又极力想挣脱它的束缚。因此我们看到许多广告行为打政治的"擦边球"，行走在道德与法律的边缘。

（2）经济因素的影响

经济的快速发展，给各行各业创造了一个良好的环境。广告主作为经济发展的主体，在为经济作贡献的同时，广告行为不断发生变化，广告观念也不断提升。

（3）文化因素的影响

广告不仅是一种经济形态，更是一种文化现象，它在推销产品的同时也在传播文化，这种文化带有很明显的时代痕迹。根据西方传播学者伯格纳的研究，广告中的文化价值与文化观念对人们起着潜移默化的教化作用。

（4）科技因素的影响

媒介技术的飞速发展既改变了人们的生活习惯，又引导了人们观念的改变，而广告主就是这其中的重要动力，在新技术应用方面的广告观念常常超前于社会大众。由于广告主的观念最终会反映在行动上，其广告借助新技术的力量传播，最终会使社会大众受益匪浅。

（5）媒介因素的影响

新旧媒体的融合给广告主带来了新的发展空间，同时也加快了广告主观念和行为的改变。新媒体的强大优势，使广告主更加重视广告的作用，同时也更加理性地投放广告。

（6）艺术因素的影响

广告的创造性有时是由广告主引领的，艺术的发展影响着广告主的审美方式与观念，也影响着广告的品位。当然，广告并不一定要根据广告主的思路和要求去做，实际上广告所要表达的内容永远都是前卫的，都是取决于广告本身而不是广告主。广告只有不局限在一个特定的范围去思考和发挥，才能更好地完成创意，不然，广告的创意就会因为拘泥于广告主的要求而造成思路狭窄。

（7）人才因素的影响

广告人才素质和能力的提高，对整个广告行业水准的提升具有极大的保障作用，对广告主的影响也至关重要。广告主重视对广告人才的吸收与培养，会极大地提升广告水准，而反过来，高素质的广告人才又会改变广告主的观念和行为，形成良性循环。

（8）其他因素的影响

除了以上提及的七点因素外，还有其他因素影响着广告主的观念和行为。比如，在碎片化的时代，消费者的消费行为以及媒体接触习惯呈现出分散化、多元化和个性化的趋势，促使广告主改变原有的观念和行为。另外，其他学科与广告学的相互渗透，为整个广告行业注入了新的思维方式与方法，广告主的观念和行为也会随之改变。

（二）经济效益与社会责任的双重压力

广告主作为广告活动过程中的三大行为主体之一，既是广告活动的出资者，又是广告活动的发起者，对广告活动负有不可逃避的法律责任，所以广告主既享有决策权，但又面临以下各方面的压力。

1. 广告主的经济压力

广告主是在承受着极大的经济压力的状态下参与广告活动的，这种经济压力势必会直接影响整个广告活动的最终走向。

（1）企业的营销目标

广告主发布广告的目的十分明确，就是向消费者传递服务或产品的信息，促进销售，刺激需求。对于广告主来说，广告既是一种促销手段，又是营销活动的一个环节，它承载着商品营销中非常重要的一环。

（2）企业的利润追求

广告活动本身就是一种经济行为，它必须适应市场的不断变化，也就是说它必须承担一定的风险。因此，广告主投入广告就是希望通过广告来促进产品和服务的销售，同时提升企业形象。

（3）企业的持续发展

从总体上来看，广告能够刺激社会消费，能够帮助企业推广商品、宣传理念和提升服务，从而提高企业的知名度，塑造良好的品牌形象，有利于企业经营活动的持续发展。但是，并非所有的广告效果都能如广告主所愿，广告投资决策、广告媒介投放、广告创意等方面的失误都可能带来经济上的损失。

2. 广告主的社会责任

现代广告发展到今天，对社会产生的影响已远远超越了传递商品信息这一基本功能。由于广告具有很强的渗透性、重复性和感染性，它在向人们提供商品信息的同时，也在潜移默化地影响着人们的价值观、行为方式和生活形态等。优秀的、符合道德理念的企业文化可以形成一种巨大的向心力和凝聚力，对于促进企业营销道德体系建设，实现企业营销目标起着至关重要的作用。[①] 作为广告活动发起者的广告主在利用广告追求经济效益的同时就必然要肩负起重大的社会责任。广告主的社会责任是指社会在经济发展的特定阶段，根据当时社会的道德准则和普遍价值观，对企业期望和要求的具体体现，主要有以下内涵。

(1) 维护社会的和谐统一

建设和谐社会的目标已经成为现今人们普遍关心的一个话题，这需要全社会共同努力。企业在追求自身利润最大化的同时，也有责任维护社会的和谐统一。然而，在现实生活中，有些广告主为了获得经济利益，往往忽视甚至牺牲公众和社会的利益，发布假冒伪劣产品信息欺骗消费者，给人们正常的生产生活带来了严重的负面影响。这些不顾社会责任的行为，影响了和谐社会建设，反过来又制约了广告主自身的和谐发展，可谓得不偿失。

(2) 把握正确的文化导向

如何把握正确的文化导向，是每一个正直的广告人都应该关心的话题。《国际商业广告从业准则》要求广告"遵守所在国家之法律规定，并应不违背固有道德及审美观念"；美国、日本等国家的广告规范要求广告"情趣高尚""重视品格，必须为建设光明、健康的生活作贡献"；我国的《广告法》也强调广告要"符合社会主义精神文明建设的要求"。同时，纵观广告学理论的发展脉络，从 USP 理论（Unique Selling Proposition，即"独特的销售主张"）到品牌形象塑造，再到受众心理分析，直至文化心理沟通，我们可以发现，不论是广告理论发展的主线或是广告的立法宗旨，均明晰地表明在广告诉求重点转移的过程中，广告的文化含量正在逐步增加。

(3) 倡导健康积极的消费习惯

随着经济的发展，消费者的消费行为日渐成熟，广告主有责任在培养

---

① 卢智慧：《我国企业营销道德失范问题及其治理对策》，《改革与战略》2016 年第 2 期。

消费者形成健康积极的消费习惯上作出贡献。构建一个安全、公平、重视节能与环保的健康积极之消费环境，成为广告主社会责任的基础和必要组成部分。在这一构建过程中，每个广告主都应承担起严格遵守法律、奉行商业道德、尊重传统文化、关注可持续发展等方面的社会责任，进一步净化消费环境，以期对消费者产生正面影响。

（4）保障消费者合法权益

《广告法》第三十八条规定：发布虚假广告，欺骗和误导消费者，使购买商品或者接受服务的消费者的合法权益受到损害的，由广告主依法承担民事责任；广告经营者、广告发布者明知或者应知广告虚假仍设计、制作、发布的，应当依法承担连带责任；广告经营者、广告发布者不能提供广告主的真实名称、地址的，应当承担连带民事责任。[①] 可见，于情于理，广告主都应遵守一定的伦理规范，真正认识到消费者才是自己赖以生存的土壤，切实担负起保护消费者权益的责任。

3. 广告主行为失范的伦理后果

现实生活中，并非所有的广告主都能够完美地处理履行社会责任与追求经济效益之间的关系，一部分广告主在广告活动中只注重追求经济效益，对广告的社会效益置若罔闻，从而导致了一系列道德失范问题。

（1）造成广告欺骗行为

在百度上搜索"广告欺骗"，可以找到约3490000篇相关报道。如"哈药药品广告欺骗误导被查""百事可乐状告可口可乐运动饮料广告欺骗消费者""面粉加激素治糖尿病，假广告欺骗全国120余名患者"等。尽管我国的《广告法》对制作发布虚假广告者作出了严格的处罚规定，但是由于部分广告主受到经济利益的驱使，为了促使消费者购买，仍不惜发布虚假广告。[②] 广告主片面注重短期经济效益的行为是这一现象产生的内在主因，只有从源头上真正认识到虚假广告对广告主自身、对消费者乃至对整个社会造成的危害，才有可能彻底铲除虚假广告。

---

① 陈培爱：《中外广告史——站在当代视角的全面回顾》，中国物价出版社，1997，第21页。
② 陈培爱：《中外广告史——站在当代视角的全面回顾》，中国物价出版社，1997，第23页。

（2）引发行业恶性竞争

《广告法》第三章第二十一条规定：广告主、广告经营者、广告发布者不得在广告活动中进行任何形式的不正当竞争。① 而事实上，广告主在实际活动中不正当的竞争行为比比皆是。由于广告行业利润越来越薄，越来越难做，于是，广告主为了争夺消费者资源，彼此之间打得不亦乐乎，越打越变味，这就直接引发了行业的恶性竞争。而反观国外的一些企业，以麦当劳和肯德基为例，这两个"对手"在全世界都是形影相随，但在健康的竞争中，两家企业快速发展，都成了快餐业的巨头。

（3）破坏社会诚信机制

诚信作为一种道德要求，意思是诚恳老实，有信无欺。它是一切道德的基础和根本，是一个社会赖以生存和发展的基石。现代社会是诚信需求日益增长的社会，因此，加强诚信建设已成为一项关乎我国经济和社会发展的重要任务。

"诚信"的原则也就是广告主从事广告活动的底线原则。广告主对消费者诚信，意味着企业必须提供安全可靠、适用方便、价格合理的产品，并且在广告中如实地告诉消费者，广告中的承诺应该做到恰如其分。

（4）加速广告信息污染与泛滥

广告信息污染就是指广告信息的破坏力和负面效应。广告信息的大众化传播担负着社会主义物质文明和精神文明建设的特殊责任。以虚假现象、腐朽现象和庸俗现象为主要表现形式的某些广告信息污染给社会和广告业的健康发展带来了不可忽视的负面影响：既损害了大众传播媒介的权威性和正面宣传功能，又对社会造成了不可低估的破坏力。② 这些问题应引起社会的足够重视，加强对广告主的全方位科学管理，使广告主在传递商品或服务信息的同时传播精神文明，更好地为社会主义建设服务。

广告主的伦理失范行为所带来的负面后果还有很多，正因为是广告主导致的伦理失衡，所以后果可能会更加严重。所以，广告主必须在追求经济利益的同时兼顾社会责任，平衡两者的关系，避免因伦理失范所带来的

---

① 陈培爱：《中外广告史——站在当代视角的全面回顾》，中国物价出版社，1997，第23页。
② 张问清：《广告信息污染及其管理对策》，《湘潭大学社会科学学报》1999年第5期。

一系列道德问题，净化我们的社会环境。

三 商业广告伦理与广告公司

中国广告行业自 1979 年以来发展之势迅猛，已成为中国发展最快、最具成长性的新兴产业之一。广告公司无论是在数量、质量、营业额还是从业人员总量等方面都有快速的发展，并越来越走向成熟。但是在此期间，广告公司在运作过程中也遇到了不少问题，成长进入了瓶颈期。如何规范广告公司的操作，消解广告活动中出现的道德失范问题，如何改善广告代理制，如何探究广告公司的突围之道，都是广告业发展过程中迫切需要解决的问题。

（一）广告公司的生存危机

广告公司在广告活动中处于中介地位，发挥着中坚作用。但目前从国际、国内两方面看我国广告公司的竞争状况堪忧，存在生存瓶颈，如起点低，发展不均衡，同质化现象严重，转型困惑，人才匮乏，管理落后，无序竞争，法律滞后，以及外资进入困难等。

1. 广告公司在广告活动中的地位

广告活动是较长时间内一系列的广告与推广活动，一次最简单的广告活动也至少包括五个环节，即广告市场调查、广告策划、广告创意表现、广告媒介发布、广告效果测定。广告活动不是静止的，是一个动态的过程，广告活动的各个环节根据各个方面情况的变化，始终处于调整、变化之中，一成不变的广告活动是不存在的。广告活动的这五个环节是围绕广告主、广告媒介、广告公司、广告受众四者之间的互动展开的。在整个广告活动中，广告主是广告信息的发布者；广告媒介是广告信息的传播载体和渠道；广告受众是广告信息的接受者；而广告公司，根据《中华人民共和国广告法》的界定，是广告的经营者，它接受广告主的委托，为其设计、制作、代理相关的广告业务，最终通过广告媒介将广告信息传递给广告受众。由此可见，广告公司是广告主、广告媒介、广告受众得以连接的中介，是广告市场活动的运作主体之一，是广告行业的核心组织。

广告公司在整体广告运作中处于中介地位，发挥着中坚作用。一方面，在现代企业的整合营销传播中，广告已是不可或缺的一环，现代企业一般都会寻求一家广告公司作为自己广告活动的整体代理。企业会在其内部成立广告部门来负责自己的一切广告活动。但是，一家企业仅凭一个部门来负责其整体广告运作是远远不够的，企业内部的广告部门不可能包揽自己所有的广告活动，它只是负责参与制定企业的营销计划，根据营销计划选择广告公司来代理本企业的广告业务，对广告活动进行监督和控制，协调企业与广告公司之间的合作关系。另一方面，从广告主的角度来考察，广告主通过广告公司来完成它的整体广告运作；从媒介的角度来考察，广告公司是媒介的销售公司，可以帮助销售媒介的版面、时段，从中获取较高的媒介佣金；从广告受众的角度来考察，正是有了广告公司的工作，广告活动才得以顺利进行，广告受众才可以接受各种各样的广告信息，提高自己的消费质量。

由此可见，广告公司作为市场经济的重要参与者，在整个广告产业链条中起着上下沟通、桥梁纽带的作用，对整个广告经济的发展有着重要的影响。

2. 中国广告业的竞争状况

市场经济的繁荣和发展为广告业的发展提供了契机，中国的广告市场在持续多年的高速发展之后趋向平稳，中国已经成为广告业发展最为迅速的国家和极具发展潜力的新兴广告市场，在世界广告业中独树一帜，举世瞩目。然而，随着中国市场的进一步开放，国内广告公司面临的市场竞争不仅来自本国，更严峻的是要接受来自国外广告集团的挑战。中国的广告市场和广告业在新的经济环境中，面临许多矛盾和困惑，但也迎来了难得的发展机遇。

（1）中国广告业的国际竞争状况

从全球角度看，广告业是一个成熟行业，全球格局必然决定中国格局。40年来，中国广告业以近40%的平均年增速成为全球增长最快的广告市场之一。从2005年12月11日起，中国开始允许外国广告公司以独资身份进入中国广告市场，在此背景下，全球广告巨头纷纷加速在中国的战略扩张，跨国广告公司也开始在中国广告市场上拥有不可撼动的话语权。

但毫无疑问的是,与发达国家相比,我国广告经营额占 GDP 的比重还很低,这预示着我国广告业还有很大的发展空间。为迎接日趋激烈的国际化市场竞争模式,国内广告公司应从以下几方面应对挑战:追求专业化分工与规模效应;追求品牌效应与强调个性化经营,看重长远利益;实行充满活力的人才竞争机制;追求科技、信息、智力的有效服务。只有如此,中国广告公司才有可能增强国际竞争力。

（2）中国广告业的国内竞争状况

国内广告业的竞争状况除了表现在资本、价格、人才三个方面外,还突出表现在行业间和地区间广告业的竞争方面,这两个方面从侧面反映了国内广告行业的激烈竞争状况。

第一,行业间广告投放竞争激烈。随着市场经济的发展,国内各行业之间的竞争日趋激烈,广告成为各行业扩大规模的一种重要方式。各行各业对广告的投放呈现出不同的层次,显示出不均现象,同一行业在不同的时间投放的广告额也呈现出不对等现象。如 2016 年中国电视广告投放额排名前五位的行业是药品、饮料、食品、化妆品/浴室用品和酒精类饮品。2016 年广告投放额前 10 行业中增长幅度较大的是活动类、药品和酒精类饮品行业,比 2015 年分别增长 20.9%、16.2% 和 11.5%。

第二,地区间广告经营竞争激烈。地区广告龙头媒体的广告经营状况对整个地区广告经营额的提升,有很大的拉动作用。各地区经济发展水平不同也会导致地区间广告经营状况不同。2015 年,广告经营额排前三位的地区依次是北京（1823.99 亿元）、江苏（508.40 亿元）、上海（489.99 亿元）。从客观上讲,广告行业的发展虽然受到经济环境的制约,广告市场的兴衰虽然与地区经济的发展状况息息相关,但是在很大程度上,地区的广告意识、广告专业水准、广告市场秩序等因素对地区广告市场的发展具有重要影响。

由上述分析可知,中国广告业在市场经济中面临激烈的竞争,虽然在发展中存在缺点或不足,然而不可否认的是市场经济的发展为广告业的发展提供了良好的契机。

3. 广告公司的生存瓶颈

回顾中国广告业的发展历程,特别是最近 40 年的历史,不难发现中国的广告业只用了40年的时间就走过了西方资本主义国家广告业百年的发展道路。中国广告业从无到有，从小到大，从无序到有序，从盲目到节制，呈现出一派生机。但中国广告业在繁荣的背后同样存在重重危机，在兴盛的同时存在许多生存瓶颈。

（1）起点低，发展不均衡

中国广告业是国内发展最快的产业之一，但是起点太低、发展过快，30余年来我国广告公司如雨后春笋般不断涌现的原因不是正常的行业发展需要，而是广告产业整体进入门槛偏低。广告行业发展不平衡主要表现为地区发展不均衡，广告公司两极分化，以及外资与本土广告公司发展不平衡。

（2）人才匮乏，管理落后

广告人才的严重不足已经成为国内广告公司健康发展和广告行业公平竞争的一大瓶颈。实现充满活力的人才竞争机制是中国广告业走向成熟的本源。目前我国的广告从业人员普遍存在的问题是专业化程度不高，知识面不广，外语水平较低，服务意识薄弱，沟通能力和创新能力不强，法制观念淡薄等。出现这种人才匮乏的局面主要是因为专业人才培养渠道的不畅。如何在企业与教育院校之间建立良好的人才开发和培养渠道，是摆在中国广告业面前的一个严峻问题。

粗放型的管理经营模式是很多广告公司目前存在的问题。广告公司的经营管理涉及广告公司正常业务活动的各环节，中国本土广告公司普遍存在零散化运作的问题，在跨国广告公司和传媒巨鳄的冲击下，面临巨大的生存压力。

（3）无序竞争，法律滞后

现行的《广告法》是我国广告法规领域的基本法律。此外，在法律和行政法规的引导下，政府还颁布了许多部门规章和行政解释，构成了我国专门的广告法规体系。但是随着广告业的迅速发展，广告法规也越来越暴露出不足。

4. 广告经营中的伦理缺失

中国广告业经过40年的发展，已经具备了一定的规模。但是身处社会转型这一历史变革时期的广告公司，在其经营运作中仍然存在诸多伦理缺失的问题，这些伦理缺失行为恶化了广告经营环境，限制了广告公司的发展，日益成为广告公司在国际化背景下开展竞争的绊脚石。

广告经营中存在的诸多伦理缺失问题是与整个广告环境存在的问题紧密相连的，广告公司生存的内外环境中存在的一系列问题为其不良发展提供了土壤。中国的经济改革，长期以来都处在摸索阶段，市场经济还相当不成熟。广告经营中存在的这一系列问题，应该说广告业的三大行为主体都脱不了干系。

（1）广告主方面

广告经营中的伦理缺失，很大一部分原因是处于主体地位的广告主拥有绝对的决定权。大多数广告公司的广告作品会屈从于广告主的要求，因此，广告主自身的觉悟对于广告经营的伦理规范起着很大的作用。但是大多数的广告主存在短视行为，只看重眼前利益，幻想免费的午餐，殊不知越是廉价的服务，越是不规范的操作，越有可能损害其利益，最终自己还是得不偿失。

（2）传播媒介方面

大众传播媒介在广告经营中处于特殊的地位，尤其是强势媒体在广告活动中拥有较强的话语权。广告公司在广告主与广告媒体的夹缝中生存，身份尴尬。新兴媒介发展迅速，形式纷繁复杂，管理制度滞后，广告竞争不择手段，也在很大程度上扰乱了广告市场，造成广告伦理缺失现象。

（3）广告公司方面

目前，我国大多数本土广告公司的管理者素质正在不断提高，但整体素质仍然偏低，没有形成一支懂管理、善经营、明专业的企业家队伍。正如前文所说，由于我国广告业的进入门槛很低，对广告从业者的文化素质要求缺乏严格的标准，目前广告公司经营管理人员的整体素质较低，一些既不懂业务又不懂管理的人占据经理的位置，使从业人员的薪酬架构、团队建设、文化管理、流程管理等各方面都混乱不堪。更有一些企业经营者缺乏责任感，许多本土广告公司还采用典型的粗放型管理经营模式。这种管理经营方式使广告公司的专业化程度和规模化效益大受影响，制约了本土广告公司的发展。

（4）法律及行政管理方面

伦理道德是法律的补充，但仅仅靠伦理道德的力量去规范一个行业是远远不够的。法律是伦理发展的制度性前提，行业的发展还需要法律的强制力来保证。但法律本身也存在漏洞，广告业是一个日新月异的行业，每天都有新的情况发生，而目前的《广告法》是在计划经济末期广告代理制尚未在国内任何地方得以推行的情况下出台的，用这样一部相对滞后的法律来指导实践，被人钻空子是在所难免的，如规定不具体、界定不清楚等，使很多事情无法判定。在执行上存在盲点，处罚力度不够，这是非法广告"久治不愈"的一个重要原因。

广告代理制的症结之一就在于法制的不健全，《广告法》在很多条款中有相应的处罚细则，而在执行 15% 的代理佣金上就没有相应的处罚细则，这就是我国广告代理制生态畸形发展的关键。从如何保护广告经营者的权益，建立并维护市场竞争机制方面来说，其力度不够，操作性也不强。

对于广告市场的混乱，工商行政管理部门本身就存在条块分割的不合理运行结构，出于利益的考虑通常会睁一只眼闭一只眼等到出了事再去"监管""处罚"一下了事，其自身的问题必然导致难以建立起科学的监管机制，也就很难从根本上解决问题。

（二）广告公司的突围之伦理路径

中国广告业从 20 世纪 80 年代恢复发展到现在，广告营业额从几乎为零发展到 3000 亿元人民币，广告经营单位从十余家发展到 20 多万户，广告从业人员也从数十人发展到几百万人，媒体数量更是难以统计，仅电视频道全国就有 4000 多个，这一成就是举世瞩目的，也是中国经济高速增长的有力见证。在这个过程中，广告业的三大行为主体都有了长足的进步和发展。应该说，广告市场的发达程度，主要取决于广告主，取决于社会总体的经济基础；广告市场的表现方式，主要取决于广告媒体，取决于信息渠道的丰富程度；而广告市场的运作状态，则主要取决于广告公司，取决于广告公司的发展水平。在广告业的三大行为主体中，广告主和广告媒体虽然都离不开广告，但它们都不是因为广告而存在的，广告只是它们生存和发展的一种手段，是一种必不可少的工具；而广告公司完全是因广告而存在，为广告服务的，是广告市场的中坚力量。经过 40 年的风雨洗礼和摸爬滚打，中国广告业呈现出勃勃生机。然而，透过现象看本质，不难发现中国广告市场在繁荣的背后，也存有许多危机。同质化现象严重、外资进入、转型不明确、利润渠道的单一等都成了制约广告公司发展的瓶颈。因此，我们认为有必要占据一个新的制高点，以伦理学的视角去全面审视中国广告公司的现状，以期达到化弊为利，探寻中国广告公司突围之道的目的。

1. 营造企业文化，提升自身形象

"种瓜得瓜，种豆得豆"，公司以什么样的态度来经营决定公司会取得什么样的效果。有无诚信在很大程度上影响着广告公司与客户之间的关系。同样，文化氛围决定公司的价值观和凝聚力，广告公司要在经营态度和文化氛围上寻求突破和发展。

因此，企业文化作为一个广告公司积极向上的员工意识，对于广告公司走出现有的困境具有比较重要的意义。首先，企业文化代表着全体员工的精神风貌，是公司凝聚力的基础；其次，企业文化是引导全体员工前进的指针，是激励员工进步的驱动力；再次，企业文化是公司无形的精神动力，它可以提升公司自身的形象，对社会也能产生一种感召力；最后，企业文化是公司生机活力的源泉，也是判定公司伦理行为的重要依据。而在文化氛围的具体营造上，重要的则是要借助载体来使身边的环境具有文化气息，来营造和谐的文化氛围。载体的选择多种多样，可以是有形的，也可以是无形的。举例来说，载体可以是物体（包括环境、办公用品和符号），比如图 3－1 所示的麦当劳的"M"符号、苹果公司的"苹果"、电扬的老虎形象、奥美的白墙红地毯等；还可以是口号，比如诺基亚的"科技以人为本"、达彼思的"达彼思的创造力就是 USP 的创造力"等；还可以是活生生的人，把模范员工作为载体等；或者举行一些文化活动，既增强凝聚力，又有宣传的作用，既营造轻松的工作氛围，同时也体现企业文化；还可以在办公环境上加以改变，比如全透明办公，彼此之间没有隔阂，营造自由开放的工作氛围和环境。

总之，企业文化氛围的营造是一个不断更新、不断完善的过程，要有

图 3 - 1　麦当劳、苹果公司的物质载体

资料来源：百度图片。

足够的心理准备，不断吸收和改进，创建自己的企业文化，构建文化氛围。

2. 提高行业门槛，吸引精英人才

毛泽东曾经说过：政治路线确定之后，干部就是决定的因素。这个道理同样适用于广告业。如何选拔人才、培养人才、使用人才，并最终留住人才，对本土广告公司而言尤为关键。

但是，纵观中国广告业几十年的发展历程可知，人才问题一直困扰着中国广告业的发展。以 2015 年的数据为例，2015 年我国广告经营额达到5973.41 亿元，比上一年提高了 35.3%，全国广告业从业人员达 307.25 万人，但其中受过正规专业教育的不足 50%。而美国广告行业中，75% 以上的从业人员是本科或硕士毕业。以上数据对比，充分说明了目前国内广告业人才相对不足的状况，专业人才的缺乏大大限制了中国广告业的纵深发展。仔细观察可以发现，造成这个问题的原因有以下几点。首先，当下广告公司的行业门槛太低，从业人员社会安全感不足，员工的福利保障体系薄弱。这是造成广告业人才匮乏的关键所在。20 世纪 90 年代，广告业曾有一个兴盛期，广告公司可以马马虎虎赚大钱。哪里有利润，资金就流向那里，高额利润的刺激使广告公司如雨后春笋一般涌现。然而。随着大环境的变化，企业发展趋缓，经济指数持续走低，作为依附性的服务机构，广告公司进入发展的平台期，日子越来越难过。由于僧多粥少，广告业的竞争环境呈现无序状态。尤其是那些抱着"淘金心态"的匆匆过客，以不正当手段进行恶性竞争，导致行业社会形象整体下降。在部分公众眼里，广告人就是玩"空手道"的，有些商家甚至嘱咐属下：防火、防盗、防拉广告。而且在选择用人上，广告公司往往都是急功近利，不论能力大小，想的是"上手就能用"，事实上这是违背客观规律的，结果就是一方面忽略了对现有低层次人员的社会基本福利保障，另一方面忽视了对高层次精英人才的引进，造成广告公司留不住"老"人，招不到"新"人的现象愈演愈烈。其次，重业务而轻管理的现象比较普遍。广告公司在运作中，往往不论素质高低、能力大小和影响好坏，只要能出业绩，就予以提升和奖励，而完全忽略了管理型人才选拔的重要性，综合能力、品德素质以及管理才能统统被抛诸脑后，而不善于管理的人，一旦职务提升到一定的高度，能力不足的缺陷便会全面显露，影响公司的发展。因此，吸引精英人才必然是广告公司的首要突围之道。

为此，我们首先应大力提倡实行广告人专业技术资格审定制度，设定专门针对广告人的职位职称，配之以相应的物质和社会待遇，通过这种提高行业门槛的方法，来加强从业人员的归属感和社会安全感，进而吸引精英人才参与。其次应建立健全人才培养机制，力争留住精英人才。

3. 处理好与广告主的关系

广告公司面对的主要挑战之一是维持与广告主之间长期的、稳定的、互惠互利的关系。而目前最大的难题是双方互不信任，这导致双方往往是一锤子买卖的短期合作，这是中国本土广告公司普遍存在的问题。因此，如何处理好与广告主的关系，已成为广告公司不得不面对的课题。

事实上，随着社会主义市场经济环境的更加复杂，广告业的竞争也更加激烈，广告主希望专业的广告代理公司能够成为真正的合作伙伴，帮助提供企业发展方向、企业战略等方面的咨询服务。也就是说，广告公司应当参与适当的企业经营层面的工作，具备充当企业智囊的能力。反过来，广告公司由于参与到企业的经营层面的工作，也有可能更牢固地维护已有的客户。因而，作为广告公司，要把与广告主的良好的合作关系看作公司的资源，是公司品牌价值的体现，是其他竞争对手难以模仿的竞争优势，只有这样，才会从战略高度去构建长期稳定的合作关系。作为广告主，也要认识到在整合传播大行其道的今天，品牌已经是一项系统工程，必须由专业公司从长远角度提出完整的品牌规划并一贯执行。只有在双方都理清权责的情况下，广告主与广告公司才能建立一种科学、长远发展的合作模式，广告公司才能在可知的一定时间内安心致力于广告创作。

进一步分析可以知道，在具体合作上，广告公司和广告主之间的合作也应该有不同的阶段，而双方的角色也应该发生相应的改变。在合作初期广告主主要是担任"领航灯"的角色。随着双方的不断磨合和深入了解，即进入合作默契阶段，广告公司和广告主应该共同担任企业品牌的"领航灯"，这时双方应该已经成为一个团队来共同铸造和掌握企业的品牌之舵。而在这个过程之中，双方一定要扮演好自己的角色，要加深了解、信任，确立统一的目标，专注于目标的实现。在广告主开发上，一些中小广告公司应根据自己对广告主的背景、素质和目前的市场环境等多方面因素的综合考虑，选择那些适合自己的、有发展潜力的广告主，而不一定非要将目光盯住大广告主，同时也不是什么广告主的项目都去接。而对一些本土大中型广告公司而言，可以根据自身优势有针对性地开发高新技术企业、优势民营企业以及跨国公司在华企业，与跨国 4A 公司争夺客户资源，通过服务这些优质客户可以提升其行业内的声誉，为赢得新客户提供便利。

4. 处理好与广告媒体的关系

目前，媒体与广告公司关系的基本特征可以概括为媒体主导型关系，媒体一直掌握着主动权，同时媒体与广告公司合作的形式也较多样，政策各异，并没有一定之规，决策的关键是在媒体目前的市场价值与供求关系的条件下，通过有效的代理政策获得最大的销售业绩。所以从广告公司日常与媒体的接触来看，特别是进行各种谈判的时候，媒体与广告公司之间是有矛盾的。那么，在这种态势下，广告公司就必须把处理好与广告媒体的关系作为一项重要的任务，只有这样，才能客观地详细地告知广告主应该怎样认识中国的市场，怎样认识依附媒体的市场，从而谋求自身最大的发展。

具体来说，广告公司就是要促进与广告媒体的战略伙伴关系，尊重媒体的规律，尊重广告运作的规律，达到良性循环、健康发展的目的。而要做到这一点，首先就要发挥好广告公司的桥梁纽带作用。一方面，广告公司要充当媒体的推销员，将媒体优惠的媒介价格推荐给广告主，促进媒体的健康发展；另一方面，广告公司也要去做广告主的工作，了解广告主的需求，并传达给广告媒体。其次广告公司和广告媒体要学会相互包容、理解与妥协，因为理解才能带来发展。广告公司和广告媒体要长期得利，就需要广告主不断投入更多的钱做广告。要让客户投入更多的广告费用，就必须让客户认为广告是有用的，广告费用是花得有价值的。身处广告不再是神话的时代，聆听"广告衰落、公关崛起"的呼声，面对消费者与广告关系的微妙变化，广告主或多或少都对广告有怀疑：广告费用里面有多少被浪费了、广告的效果究竟有多大。因此，要想让广告主放心做广告，继续花钱做广告，甚至花更多的钱做广告，广告公司与广告媒体就必须联合而不是对抗，两者都须割舍短期的、眼前的一些利益，寻求合作的机制。媒体要提高自身吸引力，营造良好的媒体环境，减少广告的浪费。广告公司要提高业务水平，让广告主能衡量广告投入的回报，让广告成为广告主的整个行销计划中的一部分，而且是重要的部分。合则两利，分则两败，只有在合作中保障广告主的利益，才可能让广告主衡量广告投入的回报，这样，广告主才会放心把钱投在广告上，广告公司与广告媒体特别是广告公司，才能获得长久的发展。

5. 加大对公益广告的投入

广告公司的伦理规范，是近年来时常谈到的一个话题。用严厉的惩罚作为威慑手段达到制止不法广告行为的目的，需要外界不断地检查监督，因而带来很多麻烦；而在离开外界监督或外界监督减弱时，不法广告行为又会重新抬头，这是我们常见到的现象。这就需要通过道德的力量将守法行为内化为自觉行为。懂得什么是应当的道德规范，不一定会自觉地践行道德规范，相反，在经济利益的驱动下，有可能出现口是心非、言行不一的道德虚伪者。这是当下道德教育的难点，需要广告行业中的每个行为主体自觉地履行道德责任，实践伦理规范，这样才能形成整个广告业的道德意识。

加大对公益广告的投入，是广告公司义不容辞的职责。现代心理学研究表明，如果一个人发现自己处在模棱两可的情境中，此时他必须把别人的行为当作自己的榜样，那么以后在类似情境中，可能不用别人暗示他就会重复自己所学会的行为。同样，对于广告公司而言，如果其处在一个所有主体都不断违规的环境中，必然会选择从众的行为，个人道德水平不再发挥作用。因为道德从来不是单打独斗的，需要行业环境内普遍的公平和正义做支持和保证。因此，广告公司的道德意识是决定一则广告好坏的重要指标，有道德的广告公司应该恪守行业规范，尊重广告本身的创造智慧和现代广告的运作制度，兼顾广告的经济效益和社会效益，不遗余力地加大对社会公益的关注和投入，制作更多的紧贴时代脉搏、唱响社会主旋律的公益广告，为和谐广告产业建设作出应有的贡献。

四　商业广告伦理与广告媒体

媒体，作为一个"产业"已不再是概念，经营媒体，也不再是形式。广告作为媒体发展不可或缺的一个重要环节，已经成为衡量媒体发展的晴雨表。各大媒体的发展，依托的是广告的不断投入与播出，最终产生的经济效益让媒体不同程度地受益。不过，前文已经讲过，随着广告行业的飞速发展，出现了一系列广告伦理失范现象，广告行业内部遭受影响的同时，广告媒体也不同程度地受到了波及，媒体的形象由于恶俗、虚假、欺骗等形式的不良广告受到了很大程度的影响，甚至直接导致经济利益的下滑。

与此同时，传媒行业也出现了很多伦理失衡的现象，致使媒体在受众心目中的公信力大大降低，传播效果也逐渐下降。媒体承担的不仅是经济功能，还有不容忽视的社会责任，如何使其责任与效益的天平保持平衡，一直是媒体相关人员研究的内容，媒体伦理的概念一经提出，就引起了广泛的关注。广告，作为媒体内容的一部分，势必在媒体伦理研究的范围之内，也蕴含一定的伦理色彩。随着广告伦理学的诞生与发展，在研究媒体伦理的基础上对广告伦理进行深度的把握，是广告研究工作者必须涉及的重要课题，也是确保广告行业走上持续、健康发展道路的必要保证。

（一）　中国媒体的市场格局

根据联合国教育、科学及文化组织公布的数据：中国已经成为全世界最大的媒体国家，中国拥有的电视机数量为世界之最，占全世界总数的29%，中国是世界上最大的电影市场之一。按照世界报业协会的标准：中国是全世界第一大非日报国；中国的日报发行量也居世界榜首。在这样的情况下，我们有必要分析中国目前的媒体市场格局。

1. 四大媒体主宰广告大局

目前，中国媒体的市场格局为报纸、杂志、广播、电视四大媒体占据了绝大部分的市场广告份额。

（1）报纸

在中国，报纸媒体的发展历史并不短暂，早在唐代，就有了报纸的萌芽——《邸报》。鸦片战争前，我国的报纸一直停留在"文以载道"的功能模式上，报纸的商业功能几乎是一片空白。真正意义上的报纸广告是近代才出现的，报刊广告蓬勃发展以后，广告主与广告经营者逐渐分离，促使广告代理商出现。广告代理商最早是以报馆广告代理人和版面买卖人的形式出现的，后来演变为各种广告社、广告公司的形式。

改革开放以后，报纸走上了快速发展的道路，不管是在数量上、形式上还是质量上，都有显著的提高和改变，不同领域的专业报纸也开始出现，而随着广告业的解禁，报纸广告也如雨后春笋般快速发展。2016年，中国报纸总数达到了499884种，是1978年的28倍；品种也从原来的以机关日报为主发展到经济类、法制类、生活服务类、娱乐类等一应俱全，出现了晨报、周末报、晚报、青年报等各种形式；阅读报纸成为人们了解国家大事、关注国计民生、增加知识储备、更新思想观念的重要渠道。

（2）杂志

期刊媒体有两三百年的发展历史。19世纪与20世纪之交，特别是进入20世纪以后，现代印刷技术、造纸技术、摄影技术以及数码技术等方面的技术进步成果，为期刊媒体配备了平面媒体中最生动具体、最丰富多彩的视觉表现功能，其发展呈现出辉煌。期刊的出现，标志着人类媒体开始由主要依赖文字向文字与图像相结合转变，也即宣告了"读图时代"雏形的诞生。[①] 期刊的这一跨世纪发展，正好与现代广告的诞生和发展同步，可以说，期刊成为孕育现代广告的摇篮。

---

① 张伯海：《期刊，现代广告的摇篮》，《光明日报》2004年8月26日。

（3）广播

中国的广播事业诞生于 1923 年的上海。1940 年 12 月 30 日中国共产党创办了自己的第一座广播电台——延安新华广播电台。新中国成立后，政府开始有计划地发展广播事业，经过 40 多年的建设，全国建成了一个完整的中央和地方、无线和有线、调频和调幅相结合的广播网络。截至2012 年底，全国广播电台达 2185 座。随着广播发射功率、广播频率和节目套数的不断增加，地方广播台、站的转播以及收音机数量迅猛增长，2012 年，我国广播人口综合覆盖率提高显著，已由 1998 年的 88.3% 提高到 97.51%。

20 世纪 80 年代后期，由于受到电视媒体及其后声势更逼人的网络媒体的巨大冲击，中国的广播事业一度陷入迷茫之中。但是随着私家车的发展，通过全面推进频率专业化改革，广播电台走出困境，重新在网络中找到了属于自己的一片天地。相较之下，在微信平台上，广播媒体的表现更为优异。2016 年 1 月 1 日至 11 月 15 日，百强广播频率的微信账号覆盖率达到 99%，平均每个账号发布文章 2078 篇，其中包含头条文章 426 篇，约占总量的 20.5%。平均每个微信账号的阅读总量超过 2000 万次，头条文章阅读量为 787 万次，影响力较强。

（4）电视

我国的电视业开始于 1958 年。我国第一座电视台——北京电视台，于1958 年 9 月 2 日正式播出黑白电视节目。同年 10 月 1 日上海电视台开播。在其后的发展中，中国电视形成了从中央到省、市、县的四级覆盖网络，以强大的覆盖率和快捷的传播速度，为全国观众提供丰富多彩的信息，将"天下"搬到了"室内"。据格兰研究分析，我国有线电视用户数估计为2.4 亿，有线数字电视家庭用户数量达到 19496.1 万，数字化率达到81.00%，其中高清数字电视用户占比逐年上升，用户规模达到 5466 万，占全国有线电视用户的 22.71%；双向网络覆盖用户数量达到 12263.6 万，占有线电视用户总量的 50.95%；双向网络渗透用户数量达到 4176.6 万，占有线电视用户总量的 17.35%；个人宽带用户增长加快，用户规模突破1450 万，达到 1492.2 万，占有线电视用户总量的比重达到 6.20%。

2016 年，中国网络营销收入逼近 3000 亿元，在五大媒体广告收入中的占比已达到68%；同期电视广告收入1049.9亿元，在五大媒体广告收入中的占比接近25%。受网民人数增长，数字媒体使用时长增长、网络视听业务快速增长等因素的推动，未来几年，报纸、杂志、电视广告将继续下滑，而网络营销收入还将保持较快的增长速度。全球领先的媒介研究公司AC尼尔森的亚太区董事长霍本德说："以此速度发展，中国可望成为全球第二大电视广告市场，没有一个具全球眼光的行销人员可以忽略中国的广告市场。"

2. 户外媒体渐入广告主流

户外媒体是媒体大家族中的重要成员，近几年一直保持高速增长趋势，并且在持续创新。从平面户外到立体户外，从静止户外到流动户外，从传统的三面翻到滚动的灯箱，还有数字电视、户外LED，甚至街头出现的自行车队广告、夜晚出现的投影广告等，户外广告正在变得丰富、多元、细分。户外媒体形式多样，利于创新。当在垃圾箱上看见麦当劳广告，在惊叹的同时，我们不得不感叹如今广告主和广告媒体的发散性思维。只要是消费者视觉所及的东西，都可能以媒体的形式出现。户外分众媒体所具有的价值正被越来越多的广告主所认同，成为广告主媒体组合的重要组成部分。传统电视广告与分众电视广告的有效整合，以更科学、更经济的方式为广告主提供更多元化的电视广告传播平台，也将为广告主创造更多的投资回报。

我们在发展户外广告时，需要树立"和谐户外"的理念，一个好的户外广告应该与周围环境相和谐。户外广告的美感是在其面积、色彩、造型、亮度同周围景物和谐有序的搭配中产生的，将这些与环境和谐的变量，与到达率、人流量等评估指标相结合，达到相对人文化的广告效果。和谐户外的优势比其他单纯的户外广告牌更能融入环境中，使视觉的被动接收变成与环境相融合的印记。但其缺点是需要在不同的地方使用不同的广告版本，创意制作成本高昂。

3. 新兴媒体成为广告新宠

所谓新媒体（new media）是一个相对的概念，是继报刊、电视、广播等传统媒体之后伴随科技进步衍生出来的新媒体形态，包括网络媒体、数字电视、手机媒体等。科学技术的进步是媒体发展的温床，新兴媒体如雨后春笋般出现，使中国的媒体格局发生了悄然改变，渐渐在中国的媒体市场上居于不容忽视的地位，也成为广告的新宠，抢占了不少传统媒体的广告份额，使得传统媒体走上了努力求生存的发展道路，间接促使传统媒体进行创新，焕发了第二次生命力。

（1）网络广告

1996 年 2 月，我国计算机网络还只分为互联网络和接入网络。前者允许直接进行国际联网，当时只有邮电部、电子工业部、中国科学院、国家教育委员会获准组建互联网络。而仅仅五年后的 2001 年 4 月，国家信息产业部部长吴基传就表示，中国的网络规模与用户总数都已经跃居世界第二，联网计算机达 890 万台，互联网用户达 2250 万。网络媒体本身的建设与成长速度也是惊人的。"人际化"是网络有别于其他媒介形式的一个最大特点，身份和角色是传统道德存在的基础。网络受众身份的隐匿与角色的虚拟，导致传统道德失去了权威性，加之技术对人的异化逐渐成为一种"不觉异化"。①

（2）移动数字媒体

近年来，移动数字媒体渐渐走入了人们的日常生活，其中重点包括手机媒体和车载广告。

短信诞生的那一天，手机广告也就随之诞生。手机媒体广告是对网络广告与传统广告的一种补充。目前，短信广告虽然在手机用户中形象不太好，但是短信广告市场孕育着巨大的商机，在手机广告活动的各个环节的努力下，这种情况必将得到改观。

车载电视也和手机一样，正处于摸索发展的时期，还没有明显的广告效果，但是它的移动性优势势必会给它的发展带来良好的契机。但车载广告带有太大的强迫性，人们在乘坐公共交通工具时，还要面对无处不在的广告，非常容易产生反感。

4. 媒体资源过剩引发广告大战

从以上媒体格局中可以看出，中国的媒体正处于百花齐放、百家争鸣

---

① 卢照：《公益广告的叙事与交往行为构建——以 2008～2015 年公益广告黄河奖获奖作品为鉴》，《电视研究》2016 年第 12 期。

的时代，每个媒体都使出浑身解数，努力吸引广告主和受众的眼球，争取在这个眼球和注意力经济时代赢得市场上的席位。可是在努力创新发展的同时又迎来了另外一个尴尬的局面，媒体资源过剩，受众的资源是有限的，一定历史时期内，生产力水平也是一定的，而媒体却依然在蓬勃发展。如何争取广告主和受众这些有限的资源，成为每家媒体都需要慎重思考的问题。

（1）媒体资源过剩

媒体资源过剩导致广告大战愈演愈烈。

第一，广播电视——四级办台。在计划经济时代，中国的电视与广播事业是一个绝对垄断的行业，是按行政命令建立与发展起来的，这种不以市场实际需求为标准而盲目上马建设的行为，成为今天中国电视与广播媒体资源过剩的历史性原因。

以电视为例，中国的电视机构大致可以分成四个基本层次：第一层次是中央电视台，第二层次是省级电视台，第三层次是地方电视台，处于最下层的是县级电视台。这种按行政区划建立起来的电视台，具有很强的地方性，只要经济条件具备，各级政府都会办电视台。于是，经过多年的发展规划，中国电视台林立，数量是美国的 2 倍，日本的 25 倍，严重超过了市场的实际需求量。事实上，不光是中国的电视业存在如此情况，中国的广播事业也是按这样的行政规划建立起来的，时至今日，同样面临广播台数目过多、资源过剩的问题。

第二，报纸——一城多报。我们这里说的"一城多报"是相对于西方国家的"一城一报"而言的。"一城一报"是指一个城市为数众多的日报经过激烈的竞争兼并之后，只有一份日报顽强地生存了下来，最终处于垄断地位。"一城一报"现象在美国尤甚，据悉美国 98% 的城市只有一家报纸。

而在中国，市场竞争的过程中出现了"一城多报"的现象。20 世纪90 年代以来，尤其是最近几年，我国报业竞争日趋激烈，就首都北京而言，据说那里目前至少有 200 家报纸，比香港还高出 3 倍多。其他省会城市报业竞争的激烈程度并不亚于北京，其中以昆明、成都、南京为甚。通过竞争，我国出现了典型的"一城多报"现象，在原有日报、晚报的基础上，都市报、商报、晨报、午报、时报等生活类日报纷纷涌现，每天早、中、晚不同时段都有新的日报摆上报摊，令读者目不暇接，媒体竞争之激烈可见一斑。①

第三，网络——"雨后春笋"。自1994年我国正式接入互联网以来，互联网在我国得到了飞速的发展。不仅表现在我国互联网的基础设施方面，也表现在互联网的用户人数、互联网在各行各业的广泛应用等方面。截至2004年6月30日。我国www站点数为293213个，半年内增加16113个，增长率为5.5%，与上年同期相比增长20.8%。这种变化趋势在一定程度上说明，我国互联网产业在经历了一个低潮后，正呈现出进一步发展的迹象。互联网的迅速崛起，大大满足了网民的信息需求，但同时也暴露出资源过剩、相当大数量的网站乏人问津的问题。②

第四，新媒体——层出不穷。"网络视频正迎来历史上最好的发展机遇！"PPLive创始人兼CEO姚欣在中国国际新媒体产业论坛结束后发出如此感叹。这话不仅适用于网络视频，其余新媒体的发展前景也较好。新媒体的出现为公益广告的传播提供了有利的载体，公益广告正好可以搭载新媒体这辆高铁快车，实现传播方式的升级，可以更加方便地让普通民众进行传播和阅读，当然新媒体也有它的缺点，就是内容质量不高，信息参差不齐。③ 近两年来短视频平台异军突起，像美拍、快手等日活跃用户量已经达到5亿人次，具有比微博、微信更强的互动性和娱乐性，同时也存在内容质量参差不齐的情况，公益广告作为一级净化器既可以实现传播的便利性，又可以为短视频平台输入优秀视频，提高整个平台的视频质量，净化不良的视频风气，达到双双收益的效果。

（2）广告大战激烈

媒体资源过剩引发了彼此之间对广告资源的争夺，广告经营是广电媒体尤其是地方广电媒体获得收入以保证自身生存和发展的主要手段，在广电产业化经营的三大经营项目——广告经营、节目经营和网络经营中占据重要地位。在这些竞争中，节目经营和网络经营虽说对广电媒体的生存有

① 刘社瑞、李奕：《论报业竞争和报纸营销策略》，《财经理论与实践》2002年第2期。
② 张荣：《中国互联网发展现状》，《西方电力技术》2004年第6期。
③ 龙丽：《央视公益广告的人文情怀对公民道德的提升》，《新闻战线》2017年第20期。

着至关重要的作用，但对两者的竞争终究还是要回到对广告的竞争上来。各电视台，尤其是省级卫星电视台，努力建设网络，生产出高质量的电视节目，以期赢得观众，吸引广告商的广告投放，获得宝贵的发展资金。在这一过程中，最明显的便是省级电视台纷纷效仿央视，办起了"广告招标会"，声势浩大，"硝烟四起"，年复一年地打着广告战。

事实上，不光广电媒体如此，报纸的情形也大抵相仿。对于"一城多报"的报业来说，广告的争夺尤为关键，并常常以价格战的形式表现出来。显然，价格战会让物理形态的报纸出现全面亏损，而各家报纸仍执意这么做，看中的自然就是报纸的第二次销售——将读者的注意力打包卖给广告主，抢夺读者、抢占市场，就能赢得广告收益。

在网络方面，据统计，2007 年全球网络广告收入增幅达 32.2%，在 2008 年又以 8% 的市场占有率超过传统的广播媒体。众多国际级广告公司鉴于网络媒体的飞速发展，都成立了专门的"网络媒体分部"或"互动媒体部"，以开拓网络广告的巨大市场。在国内，众多门户网站，如新浪、搜狐在搞好上市及资本运作的同时，对广告市场的争夺也成为其重要目标。各网站为此付出的努力不胜枚举：全球第一搜索引擎 Google 为提升网络广告服务质量，收购 DoubleClick，从而使其网络广告帝国进入视频和图形领域；微软收购了互联网广告公司 AdECN，以加强其在网络广告方面相对于 Google、雅虎、AOL 的竞争力；为了能够在北京奥运会网络广告上分一杯羹，新浪、网易、腾讯三大门户网站牵头组织奥运网络报道联盟，与作为北京奥运会互联网赞助商的搜狐展开对抗。

（二）广告媒体的伦理失范

传统媒体努力求生存，新媒体又层出不穷，"攻城略地"，蚕食传统媒体的市场份额。每种媒体都铆足了劲利用自己的资源抢占广告主的眼球，展开了广告争夺大战，也引发了自身伦理问题的涌现和对其的思考。

1. 广告媒体伦理失范的表现

资源过剩引发了严重的广告大战，其中渗透了广告伦理失范和媒体社会责任缺失的各种现象，在受众心中造成了严重的不良影响。

（1）以"广告新闻"混淆视听

为了取悦广告商、提高广告的可信度，一些"专刊"故意模糊新闻和广告的界限，产生误导，常用的手法有以下几种。

一是整版广告标题采用"新闻体"，如"治肝之路——记某某康复医院"；二是医疗、药品、保健品广告大多以专家访谈的形式出版"健康专版"等，夸大其词，不少"科学概念"纯属编造，不符合科学常识；三是加"本报记者"之类的广告文章，故意模糊其广告性质，让不明所以的受众以为是新闻，全盘接受其所传达的信息；四是更加隐蔽且不为局外人所知的做法就是刊登的确实是新闻，但新闻已被广告商"买"下了，不是真正的客观新闻内容，完全只是为广告商服务，背离了新闻的本质，违背了新闻传递客观、公正、准确的信息内容的基本要求。

这些广告都打着"新闻"的幌子，利用新闻的真实性和可信性，做的实际上是广告的内容，提供的是虚假的新闻信息内容，混淆受众的视听。如此，在广告商的金钱诱惑和记者自身职业操守迷失的情况下，一篇篇名为新闻实为变相广告的"畸形新闻"出炉了，新闻的质量可想而知，新闻的价值更无从谈起。

（2）刊播虚假低俗广告结成利益联盟

我国广告的主要载体是大众传媒，不遵守《广告法》的有关规定发布虚假广告的现象较为普遍。庸俗广告、性感情色广告等低俗广告形式在媒体上也屡见不鲜。面对国家的一些禁止措施，各大媒体玩起了"躲猫猫"的游戏，你到电视台去查，平面媒体就接管同类的广告，且比以前更加肆无忌惮。根据媒体之间约定俗成的一些规则，不同类型的媒体之间绝对不会揭露其他媒体的不法广告或恶俗广告行为，以共同"维护"媒体广告"歌舞升平"的景象。

（3）不当报道失范广告造成二次污染

广告活动由于自身行业的一些特点，在发展过程中出现了一些不尽如人意的地方，不仅给广告业自身带来了不好的影响，也对社会整体环境造成了负面的作用。新闻在这个时候选择对这种广告持批评态度，用严厉的词语在媒体上大肆批评广告形式的恶俗、创意的匮乏、对消费者造成的恶劣影响,以及对传统伦理观造成的冲击,却完全忽视了自身作为广告信息载体应该承担的责任和义务,将自己置于事外,以一个道德维护者的角色出现。① 抛开广告本身违背伦理观的因素,播出广告的媒体也常常没有尽到自己的责任。

新闻对伦理失范广告的大肆批评报道,忽视了自身作为媒体的传播者作用,没有思考、没有节制的报道造成了不良广告的二次传播,也间接地使广告的传播面得到了扩大,增加了它的影响度。虽说这样对广告产品的美誉度是不利的,但客观上还是增大了产品的知名度,炒作了商家,进一步伤害了消费者的感情。

(4)强迫广告挤压受众眼球

所谓强迫广告,就是不管受众是否有接受的心理,都会随时随地出现在大众的视野里,是无时无处不在的广告,如电视剧中的插播广告,公共交通上的广告等。受众对于随处可见的广告已经产生了腻烦心理,产生了躲避的想法和欲望。虽然说广告要的就是眼球效应,可是受众的眼球在接触了太多的广告画面和信息以后,产生了疲累感,熟视无睹也就自然而然产生了,更有甚者还产生了抵抗的情绪,不仅对广告,对刊播广告的媒体也产生了讨厌的心理,无形中影响了媒体的形象及公信力。

2. 广告媒体伦理失范的原因

媒体伦理失范现象严重影响了媒体在公众心中的地位,媒体的公信力和权威性下降,信息传播效果大打折扣,原因有以下几点。第一,体制转型动荡时期,缺乏约束行为的根本标准;第二,市场经济条件下,商业利益的诱惑成为主导;第三,从业人员自律意识薄弱,易受经济利益引诱;第四,媒体资源过剩,引发不正当竞争。

报界的诸多人士感叹:"现在我们不是在比谁活得好,而是在比谁活得长。"由图 3-2 我们可以看出,报纸广告收入持续走低,而互联网收入却高调上升。这不仅说明报纸的阅读群越来越少,也说明互联网是报纸读者的主要流向,网络媒体作为新生代媒体,广大受众特别是年轻受众对之

---

① 陈培爱:《中外广告史——站在当代视角的全面回顾》,中国物价出版社,1997,第 92 页。

产生了一定的忠诚度和依赖度，它的快速、方便、信息量大等特点已经牢牢抓住了受众的心，大大分流了报纸等传统媒体的受众群。①

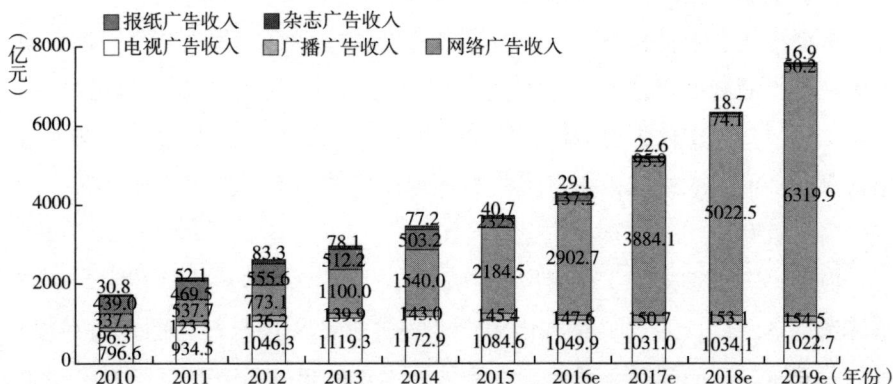

图 3－2　2010～2019 年中国五大媒体广告收入及预测

资料来源：艾瑞咨询中国网络广告市场年度监测报告。

受众群的分流带来的一个严重后果就是，广告主对传统媒体的广告投入减少了。广告主投放广告的标准是媒体的被关注度以及在受众群心中的位置。传统媒体在和新兴媒体博弈过程中显现出的劣势，使广告主也"见风使舵"地转移了一部分"投资"，将部分费用投给了新兴媒体。艾瑞咨询统计预测模型估算数据显示："2016 年，中国网络营销收入逼近 3000 亿元，在五大媒体广告收入中的占比已达到 68%；同期电视广告收入 1049.9亿元，在五大媒体广告收入中的占比接近四分之一。受网民人数增长，数字媒体使用时长增长、网络视听业务快速增长等因素推动，未来几年，报纸、杂志、电视广告收入将继续下滑，而网络营销收入还将保持较快的速度增长。"② 新媒体的不断发展，使媒体环境和格局也随之发生了更大的变化，在这场媒体变局中，传统媒体的强势地位从根本上被动摇，市场蛋糕越来越小。

3. 广告媒体伦理失范的影响

作为广告发布者，广告媒体事实上对目前我国虚假广告泛滥的现状负

① 雷龙云、吕卉：《报纸读者流失状况分析》，《新闻与传播》2006 年第 12 期。

② 李淑芳：《广告伦理研究》，中国传媒大学出版社，2009，第 88 页。

有不可推卸的责任。对于广告媒体来说，播出或印刷一则不道德的广告实质上就是参与了不道德的行为。

（1）媒体"把关"功能减弱，有害广告泛滥

美国传播学者怀特提出了新闻筛选过程的"把关"模式，这一模式说明大众传媒的新闻报道不是"有闻必录"的，而是一个取舍选择的过程。同样，对于新闻媒体来说，广告的发布也是一个取舍选择的过程，媒体依据自身的价值判断标准来衡量哪些广告可以发布，哪些广告不能发布，对广告内容负有核实、审查与筛选的责任。

但是，一些媒体为了拉到广告增加收入，将对广告内容的核实、审查与筛选抛诸脑后，造成了有害广告泛滥成灾、社会风气恶化的严重后果。正如我们所见到的那样，虚假广告使以为"党报刊登不会有假"的一些消费者惊呼上当；情色广告污染受众的视听环境；误导广告在社会上传播了互相攀比、盲目跟风、崇洋媚外的不健康风气……凡此种种，不胜枚举。由此，我们不禁要责问媒体的良心，拷问媒体从业人员的道德。

（2）媒体职业道德薄弱，"软广告"盛行

在过去相当长的时期内，媒体上的广告效果显著，几乎可以讲受众是"中弹即倒"。过去一则广告救活一个企业、一个品牌的例子可以说不胜枚举。但是到了20世纪21世纪之交，大众媒体上的广告在铺天盖地、狂轰滥炸的同时，更面临着极为严峻的信任危机，中国的老百姓"学乖"了、"开窍"了，不再一味地迷信"电视、报纸上说的"。他们发现广告就是广告，它极有可能是虚假的、唬人的，即使是发布在大众媒体上的广告也不例外。受众有了鉴别力，也就意味着被贴上"广告"标签的广告变得不那么有效了，大众媒体上的广告陷入了困境。但是媒介是掌握资源的机构，也是能创造"奇迹"的机构，为了开发更有效的广告形式以留住与拉拢更多的广告客户，媒体出卖了新闻，创造性地用新闻采写的形式发布广告，这一形式相对于打着"新闻"招牌的"广告"，被学界称为"软广告"。

当前"软广告"的盛行，几乎已经成为媒介内部公开的秘密，它主要以专题栏目的形式表现出来，即新闻与广告不分，栏目替代广告。在这里，消息、介绍都是有偿的，并以栏目、信息名义变相收取费用，但是又没有按照规定标明广告标记。在采写上，完全按照新闻采写的方式与格式，与新闻高

度相似，对不明就里的受众极具迷惑性。因为受众相信新闻是真实的，媒体是权威的，但"软广告"是不具新闻价值的，其采写也往往不以事实为基础，而是凭空捏造的，然其却打着新闻的旗号，这对单纯的受众来说是一种恶意欺骗，长此以往，必然将我们的新闻事业引向歧途。

（3）媒体广告狂轰滥炸，创意手法简单重复

媒体需要大量的广告收入来支撑媒体本身的运行与发展，受众则不希望受到无用的广告信息的骚扰，这两者本身就是一对矛盾体，对广告的态度自然也就截然不同。一旦有高质量的信息产品，如电视剧、综艺节目、爆炸性新闻，媒体当然想借机会大赚一笔，而受众则想清清静静地欣赏信息产品，于是乎，狂轰滥炸的广告引发了伦理争端。如果说对报刊上的广告，读者还有置之不理的可能，那么对广播、电视与网络中的广告，受众就显得颇为无奈了。譬如一些颇受欢迎的电视剧，每个部分中间都插上了大量的广告，充斥着陈词滥调，混淆视觉，选择换台又怕误了剧情，受众十分厌恶。

另一种令受众厌恶的广告发布形式是简单重复。广告的目的之一就是让受众记住广告信息的内容，为此，重复成了电视广告的一大策略。自当年"恒源祥"以连续三遍的"羊羊羊"广告取得了良好的广告效果后，这一策略便被广泛运用。于是，在现代的媒体中，许多广告不光粗制滥造，还简单重复，在电视媒体上狂轰滥炸、见缝插针。

（4）媒体广告"权力寻租"，恶化行业风气

我国拥有世界上独特的媒介制度，即"一元体制，二元运作"。一元体制是指媒介归国家所有；二元运作就是既要国家拨款，更要利用国家赋予的权利，去获取广告利润，而后者已经成为所有媒介的主要收入来源。这种体制下的媒介既要完成意识形态宣传任务，又要通过广告等市场经营收入支撑媒介的再生产。加上我国还处于市场经济建设和制度创新初期，监督体制和媒介公共政策体系尚不健全，拥有公共权力的少数意志薄弱者极有可能通过公共权力的行使，实现权钱交易，用公共权力在市场中寻找租金，即我们所说的"权力寻租"。[①] 媒体广告部门处于媒介内部，与利益

---

① 胡正荣：《媒介寻租的背后》，《中国新闻周刊》2003 年第 42 期。

紧密相关，也出现了"权力寻租"的现象。一方面，为了拉拢广告商，许多媒体不是出于维护社会正义的目的，而是根据与广告商的关系来处理受众投诉，或利用负面报道要挟被报道者，收受贿赂或强迫他们在媒体上刊登广告。有些杂志甚至就是打着这样的"舆论监督"的旗号，靠敲诈为生。这样的行为不但严重违背了客观、公平的报道原则，更是造成了十分恶劣的后果，污染了我们的社会风气。另一方面，由于媒体内部经营管理混乱，非广告经营人员也可承揽广告业务，造成了媒体报价不一，价出多门的现象。即使媒体有自己的公开报价，但是实际能给多少折扣，赠送多少时间的广告，同一时段该广告排在哪个位置播出，这些权力都是由媒体广告人员掌握的。在这种情况下，某些广告商与广告代理公司为了得到特殊待遇，与媒体广告经营人员之间出现了一些不可见人的"权钱交易"，以集体与公众利益换取一己私利，这些行为甚至成了公开的秘密，极大地扰乱了正常的竞争秩序，恶化了行业风气，是一种可耻的腐败现象。

（三）广告媒体的社会责任

前文拷问了媒体的伦理道德：媒体是否能因为掌握了媒介资源、吸引了受众的注意力而随心所欲；广告发布是否应从受众的接受心理出发作合理安排；明知受众不喜欢狂轰滥炸与简单重复的广告，明知大量的广告信息会干扰受众正常的信息接收活动，媒体是否应放弃部分一己私利，多为受众着想。总体来说就是，广告媒体应该多承担自己应负的社会责任，构建一个良好、健康的媒体环境。从中华优秀传统文化中汲取培育和弘扬社会主义核心价值观的丰厚滋养，化解电视广告经营中的道德悖论，使道德成为市场经济的正能量，确保主流电视媒体信息发布的专业性和权威性。①

"社会责任论"一词源于美国。美国学者施拉姆等人认为，对责任概念的理解不能脱离大众媒介所赖以生存的政治、经济环境，应该从社会性质的差异，从大众媒介与社会关系的角度理解责任问题。因为在不同的社会环境和政治理论下，人们对责任概念的解释也不同。这些不同的社会传播理论就是施拉姆早期对世界新闻制度研究的成果，即报刊的集权理论、

---

① 邵亮：《让道德成为电视广告的正能量》，《当代电视》2015 年第 4 期。

自由主义理论、社会责任理论。这些理论都承认责任的存在，但每种理论对责任的概念、含义与形式的理解却不尽相同。因此。在大众传播制度不同的前提下，"责任"首先是一个政治概念。① 从媒介与社会关系的角度理解责任含义的还有霍奇斯。他认为，责任是大众媒介组织的个人与雇用组织或公司之间的一种契约，这是一种来自社会的、暗含式的或承诺式的责任，有了契约就产生了个人、媒介和社会之间的义务关系。这种契约类似婚姻契约，都含有无形的道德责任。新闻工作者正是通过与社会订立这种"契约"，自愿践行某些明确的或内含的承诺。这种契约式责任又可分为两种：一种是新闻工作者与其服务的大众媒介组织之间订立的契约，如个人加入了某媒介组织，就意味着他接受了这个组织的规则，作出了承诺，并遵守该组织的规则；另一种是履行与公众利益相关的契约，如社会要求新闻工作者的工作能起到沟通信息和意见的作用等。

新媒体语境下，电视媒体承担文化传播功能成为我国传统文化传承的主要渠道之一，在一定程度上强化了大众对传统文化的认知，促进了文化的交流。顺应时代需求，中华文化开始以多种形式频繁出现在节目中，成为世界各国人民了解中华文化的有效途径。② 新闻媒介的社会责任是随着社会进步而逐渐发展起来的。从它对社会的影响看，在我国新闻媒介除了传播信息这一根本责任外，还具有宣传思想政策的责任，传播文化知识、实现社会教育的责任，娱情养性的责任，促进经济发展的责任，加强社会舆论监督的责任，提高人口素质的责任等。从媒介的发展过程看，其责任有长期性的，如传播新闻信息；也有阶段性的，如围绕某一时期党的中心工作进行宣传，或者反映一定时期出现的重大社会问题。从媒介的性质看，社会责任既有显性的，如宣传党的方针政策，传播文化知识；也有隐性的，如提高人口素质，促进经济发展。

前文分析了媒体伦理失范的现象、原因和影响，以及如何解决这些问题。打造有责任的媒体环境，是我们下文着重探讨的问题，只有媒体环境健康了，媒体走上了可持续发展的道路，才有可能谈广告的伦理问题。

---

① 王怡红、宁新：《论美国社会责任的发展与局限》，《北京广播学院学报》1993 年第 3 期。

② 刘斐：《电视媒体对中华文化的表现形式分析》，《中国广播电视学刊》2017 年第 5 期。

1. 塑造媒体品牌形象，提升媒体公信力

在媒体的社会责任中，首要的是公众的信任。一个媒体的生存、价值和社会影响力，在很大程度上取决于公众对它的信任。而现在，不少媒体正面临着一种信任危机。尽管传媒界对此有一定的认识，也在不断呼唤社会责任，然而道德的呼声在利益的面前显得软弱无力，这种"尴尬"不仅是媒体的一种"自我嘲讽"，其背后更深藏着媒体责任的"空洞"和公信力的潜在流失。很多地方存在的变相的版面、节目委托代理，将内容代理出去的同时，实际上也把自己的社会责任"代理"出去了。

管理学上有一个著名的"二八定律"，即20%的客户创造80%的利润，80%的利润只创造20%的客户。对市场化的媒体而言，则要用80%的成本打造自己的核心竞争力，短时间内可能只创造20%的效益，但只要拥有了自己的核心竞争力、形成了自己的品牌、提升了自身的舆论引导力，就可以延伸出很多相关业务，在做长自己品牌的产业价值链、提高品牌附加值的同时，就有可能创造出80%的利润。① 媒体品牌化时代已经来临，面对媒体发展过程中伦理失范的尴尬局面，很多媒体选择了打造品牌这一途径。一个品牌的形成体现为认知度、美誉度和忠实度三个指标的变化。衡量一个市场化媒体的舆论引导力的大小，就是要看它的读者传阅率、忠实度、满意度。对于市场化的媒体而言，"做媒体"就是"做读者"，做读者就是做品牌，只有在读者的心中形成独一无二的品牌形象，形成长久的忠诚度，媒体才能在读者的心中占有权威的地位，传播效果更显著，从而吸引企业广告的投放。

2. 树立正确的利益观，打造健康的媒介市场环境

现在有很多人认为办报就是赚钱，做媒体就是为了经济利益，认为如果为社会责任所困，会影响经济效益，于是把社会责任和经济效益放到对抗的地位。其实，这是一种短视行为，从长远来看，经济效益与社会责任不仅不是矛盾的，而且还是相互依存的。

3. 塑造媒体的高雅格调，提升媒介素养教育

片面地"取悦"公众，是一种畸形的信息满足，其结果只能是扭

---

① 张荣欣：《提升市场化媒体舆论引导力的三要素来源》，《青年记者》2006年第18期。

曲"公众需求"。揭露社会丑恶现象、倡导社会正气、还原事实真相，是媒体的职责；塑造一种健康向上的精神更是媒体的责任，拒绝庸俗、格调不高和虚假的广告信息，扬善抑恶、扬美抑丑正是其中应有之义。然而，一些媒体却在实践中放弃了自己的社会担当，在价值观的天平上严重偏向了利益的一端，使自己的社会责任成为商业利益的"奴隶"。现在很多媒体对有关部门的规定进行"潜在抵制"，结果损害的不仅是自己，还有整个媒体行业的公信力和社会声誉。媒体走向公众不等于走向低级庸俗，走向市场不等于走向唯利是图，社会越进步，媒体越应坚守自己的职业伦理道德底线，社会责任也越应成为媒体的旗帜和标准。

4. 加大媒介批评力度，维护良好风气

在我国，传媒已经无所不在地影响着人们的生活，为人们构建了一个"拟态"的媒介环境。从20世纪90年代起，与整个社会的急剧变化与改革的步伐一致，传媒自身也处于"裂变发展"的过程之中，有偿新闻、恶俗广告、虚假信息、网络恶搞等现象的出现，导致了媒介批评的日趋活跃，为媒介的健康有序发展作出了一定的贡献。关于媒介批评，目前国内最权威的定义大致是这样的：媒介批评是指在解读新闻及媒体的过程中评价其内在意义及对社会的影响，进一步解释媒介批评以解读新闻作为范畴支点，对媒体和新闻作品展开一系列评价活动。我国媒体伦理失衡的情形急需有力度的媒介批评来纠正和监督，对不良的媒体风气和现象作出解读，激发公众对媒体的监督意识，维护媒体行业良好的环境和风气。

5. 把握广告发布的入口，当好"守门人"

媒介工作者应该是信息的守门人，"即决定什么性质的信息可以被传播、传播多少以及怎样传播。作为守门人，必须将一切有害的、错误的、不健康的或有差错、失误或片面、失实的信息内容拒之门外，以确保信息产品的质量"。① 广告无论是题材令人生厌，还是图案设计或文字有冒犯大众嫌疑，都不能也不应该被报纸接受。

---

① 邵培仁：《传播学》，高等教育出版社，2000，第6页。

对于在媒体上发布的广告，媒体应该有一定的选择和筛选，不能什么广告都刊登。如果来者不拒的话，很容易让恶俗广告、虚假广告等伦理失范形式的广告出现在大众媒体上，出现在公众的视线范围之内，最终影响社会的整体环境。

6. 加大公益广告的投放，增强社会责任感

公益广告是和商业广告截然不同的概念。商业广告主要通过电视、网络等媒体的宣传来达到一种品牌推广的效应，从而为产品创造经济效益。① 而公益广告注重的是社会效益，通过向社会宣传某种主张和意识，倡导正确的舆论导向和社会价值观，培养全社会的人文精神和道德意识，进而提高全社会的文明程度。② 公益广告的匮乏显现了媒体社会责任感的缺失，大众媒体还没有清醒地认识到自身所肩负的社会责任，也没有完整地利用自身的资源为大众营造健康和谐的媒体环境。广告和媒体是辩证的关系，它们互相依存、共同发展，媒体发行量的增加和关注度的提高，会带来媒体的发展和广告主的经济效益的提高。

五 商业广告伦理与社会整合

社会整合是将社会不同的部分、因素结合为一个协调、统一的整体的过程和结果，是与社会解组、社会解体相对应的社会学范畴。社会整合建立在社会失范的基础上，目的是通过制度、组织、价值体系等联结纽带把各种不同的构成要素、互动关系及其功能结合成一个有机整体，以此来实现社会的团结与和谐。广告作为一种特殊的经济活动，在沟通产销关系、推动经济发展方面所起的作用是有目共睹的。但作为以营利为目的的商业广告活动，在整个社会体系内，有时也成为一种极不和谐的要素，损害着消费大众的根本利益。因而需要整合社会上的各种力量，最广泛地调动一切积极因素，对广告行为加以规范。任何流行的广告都是公众的经验和强大的戏剧性表达共同作用的结果。基于此，广告可以说是一种社会文本，

---

① 钱敏、王丹：《公益广告纯粹性与商业性冲突的化解研究》，《传媒》2014 年第 16 期。
② 朱荣清、王禹明：《新媒体环境下公益广告中的人文关怀研究》，《大舞台》2015 年第 11 期。

广告只是在表现，而社会民众通过各自的理解使广告的意义得以释放。①
在前面的论述中，我们主要是在广告运作的层面上，尤其是在广告行为主
体对伦理的影响方面作了比较全面的探索。然而，在广告的传播过程中除
了行为主体外还存在很多元素，所以本部分将以与广告活动密切相关的广
告文化、公关活动和消费者觉悟三个方面作为社会整合要素，分析其对广
告伦理的影响。

（一）商业广告伦理与广告文化

现代意义上的广告文化，是伴随着工业革命的产生而发展起来的。
尤其是"二战"后，随着广播、电视、网络等大众传播媒介的逐渐普
及，广告文化迅速风靡全世界。全球化背景下，广告文化呈现出新的
发展态势，即广告传播中的跨文化现象。在中国，伴随改革开放的持
续深入和国外广告公司的大批进入，西方式的商业广告进入中国各大
媒体，西方的意识形态也开始影响我们的思维方式，跨文化广告传播
中不断出现文化冲突、伦理冲突、生活方式冲突等一系列社会问题。
从广告的伦理角度看，跨文化广告传播中所带来的伦理问题应该成为
我们关注的焦点。

1. 广告传播的文化特征

广告传播的社会文化特征主要体现在它的意识形态性或观念形态性方
面，不仅公益广告如此，商业广告同样具有文化特有的意识形态性或观念
形态性。②

（1）广告传播的文化属性

英国文化人类学家爱德华·泰勒在《原始文化》一书中，第一次把文
化作为一个中心提出来，他认为："文化是一个复杂的总体，包括知识、
信仰、艺术、道德法律、风俗，以及人类在社会中所获得的一切能力与习
惯。"③ 从文化的角度看，广告是一种文化传播行为，是一种文化形态，是

---

① 刘佳佳：《广告文本的三重逻辑——以"我们恨化学"广告为例》，《编辑之友》2018 年
　　第 3 期。
② 张金海：《20 世纪广告传播理论研究》，武汉大学出版社，2002，第 193 页。
③ 转引自陈月明《文化广告学》，国际文化出版公司，2002，第 19 页。

社会文化系统的一个组成部分，是人类活动的文化产品，同时也是文化的载体。广告既受到特定文化系统的制约，又在传播文化、反映文化的过程中作用于文化，促进文化的发展，具有明显的文化属性。中国的传统文化元素因能体现中华民族的民族精神、思维方式、价值观念而深刻影响人们的文化心理和认知方式，极易引起受众民族情感共鸣，从而增强广告的表达效果，树立广告的亲和形象，获得受众的情感认同。[1] 这种文化属性主要表现在如下方面。

第一，广告本身是一种文化。广告本身是一种文化，就是所谓的广告文化。广告文化是指广告中所蕴含的独特的文化底蕴，它是广告中必然的构成要素之一。广告文化具有民族性、地域性、时代性等文化属性，即不同时代的广告、不同民族的广告、不同地域的广告具有不同的文化属性。广告文化的传播要素有两类：一类是基本要素，又称为显性要素，主要通过传者、信息、媒体、渠道、受众和反馈，营造广告文化的氛围，强化广告的全面性功能；另一类是隐性要素，通过情感因素、心理因素、时空环境、文化背景、权威意识进一步拓宽广告文化的功能。

第二，广告具有文化功能。现代广告已经完全融入人们的生活之中，对人们的价值观念、消费行为、生活方式、社会精神文明建设、民族精神等都产生了影响。中国传统文化渗透于人们生活、工作等各方面，影响着人们的价值观念、思维方式、道德情感、礼仪风俗等诸多方面。[2] 广告的经济功能是广告直接的显而易见的功能，而它的文化功能则是潜藏在深层的更值得探讨的功能。这是因为广告的传播功能、审美功能普遍以文化的样式出现并发挥作用。消费者接受信息是以文化和心理的认同为前提的；广告要给人审美的愉悦和情趣，要依靠文化的魅力。因此，广告的功能在一定程度上就是广告的文化功能。

（2）广告传播的文化特征

文化有广义和狭义两个层面上的定义。广义的文化是人类与自然斗争的过程中所创造出来的复合物，其中既包括物质文化，也包括精神文化；

---

① 成娟：《中国传统文化元素在电视广告创意中的运用》，《当代电视》2015 年第 11 期。

② 成娟：《中国传统文化元素在电视广告创意中的运用》，《当代电视》2015 年第 11 期。

狭义的文化主要是指精神层面的东西，如哲学、艺术、道德、宗教，以及部分物化的精神，如礼仪、制度、行为方式等。文化的基本特征主要表现为：共享性、制约性、传播性、稳定性。广告传播作为一种社会文化现象，既有文化的共性特征，也有自身的个性特征。共性特征主要表现为广告传播具有文化共享性、制约性、传播性、稳定性。个性特征主要表现为广告传播高扬"以人为本"的人文精神；宣扬商品和品牌的文化内涵；增加商品的文化附加值，强化广告的文化底蕴；运用各种文化元素，艺术地表现产品的特性和顾客利益；具有审美的内涵，即广告传播不仅传播文化意识，而且讲究传播艺术等。

（3）跨文化广告传播

全球传播时代的来临要求广告传播的全球化。在 20 世纪末，全球传播问题成为世界关注的新焦点，也成为传播学研究的一个新领域。

第一，跨文化广告传播的动因。随着科学技术的迅速发展和全球信息化进程的加速，全球传播出现了多元化趋势，许多世界范围内的问题受到人们的重视。广告作为一种传播途径，必须适应全球传播的大环境。西方文化的扩张使弱势群体有了跨文化交流的需求。经济层面的变化必然引起人们思维方式和文化价值观念的变化。以美国为代表的西方国家，在文化方面也成为强势群体。文化发展呈现如下特点：一是文化传播速度加快；二是全球化使不同民族的封闭性受到了前所未有的冲击，弱势文化终究难敌强势文化；三是文化冲突中包含着意识形态的对立，这是文化碰撞中的核心问题；四是文化冲突日趋尖锐。① 在这种形势下，广告传播不得不将跨文化纳入自己的研究领域。只有对跨文化广告传播的规律进行研究，广告传播才能成功。

第二，跨文化广告传播的内涵。广告是付费的对外传播活动，从传播的区域看，有地区性、全国性和国际性广告之分。不同的国家和地区，有着不同的文化背景和文化内涵，因而跨国广告实质是跨文化传播。广告不论是作为一种文化样式，还是作为一种营销活动或一种大众传播活动，均与文化有着密切的关系。从广告的文化属性定位和跨文化广告传播形成的

① 陈培爱、岳淼：《广告跨文化传播与文化安全》，《现代传播》2006 年第 4 期。

动因分析中，我们可以得出这样的结论：跨文化广告传播是指企业在进行广告传播活动时，与企业有关的不同文化群体在交互作用过程中出现矛盾和冲突时，在传播的各个方面采取适当的战略和文化整合措施，有效地解决这种矛盾和冲突，从而高效地实现传播目标。跨文化广告传播具有文化性和全球化的特点，它的出现是文化属性的要求，也是全球化的必然结果。通常情况下，"跨文化广告传播主要有三种策略：第一种是文化适应策略；第二种是文化变迁策略；第三种是全球化标准策略"。① 这是跨文化广告传播成功进行的保证，也是减少跨文化广告传播中的伦理冲突的主要方式。

2. 跨文化广告传播中的伦理冲突

"每一种文化都确立了一种世界观，即一种观察现实的独一无二的视角，一种与众不同的信念、价值观和态度。"②

（1）跨文化传播的差异性

马来西亚贸易和消费部为配合华人社会过农历新年，在当地报纸上刊登了一则全版广告向读者拜年，然而不见当年所属生肖狗的图案，却画上一只公鸡，并叫着"旺""旺"（见图 3－3），广告随即惹来争议。但是，有广告业专家学者认为，"鸡学狗叫"广告风波并不是跨国本土化进程中"惹起麻烦的个案"。日本的立邦漆广告用两条龙在不同漆面上是否滑落作对比，也受到了我国民众的斥责。以上两个案例都在跨文化传播中触及我国的文化与伦理禁忌，说明国际品牌的广告在遵循全球统一战略的同时，也要照顾到不同国家与民族间的语言规范、传统习惯、文化教育、宗教信仰等非经济因素的差异。这些差异决定了跨文化传播的差异性，主要表现如下。

第一，文化差异。广告是一种特殊的文化现象，深受民族文化特质的制约，而文化的本质是社会历史的，具有极强的社会渗透力和历史穿透力，广告必须植根于民族文化的土壤。文化并没有优劣之分，广告作为传递文化的载体，它的文化内涵应被探究，只有这样，才能有利于商业信息

---

① 陈培爱：《中外广告史——站在当代视角的全面回顾》，中国物价出版社，1997，第78页。
② 雷诺兹、瓦伦丁：《跨文化沟通指南》，张薇译，清华大学出版社，2004，第17页。

图 3-3　鸡学狗叫（左）、日本的立邦漆广告（右）

资料来源：百度图片。

和文化信息快捷而顺利地传播。不同国家、地区之间存在不同的文化背景，比如为了适应日本人的"送礼+娱乐"两大消费习惯，在广告促销计划中要采用委婉的"柔性销售"的宣传诉求方式，而避免西方式的直接的"硬性销售"，同时在形象符号运用中充分考虑日本传统赋予数字、植物、动物的特殊符号意义。因此，"不同地域的广告文化都拥有其本土化的特点"[①]，跨文化广告创作必须充分了解并尊重受众国的文化差异，用语务必谨慎。

第二，风俗习惯差异。风俗习惯是一个民族或国家在较长的历史时期内形成的，短时间内不易改变的行为、倾向和社会风尚。社会习俗对广告的影响极大，对于跨文化广告传播来说，只有尊重和了解当地特殊的风俗习惯、宗教信仰，有的放矢地传递信息，才能使广告奏效。不同国家风俗习惯的不同产生了对广告用语创作的不同心理要求。在美国，鹿代表阳刚之气；而在巴西则是同性恋的俗称。欧美人忌用数字"13"；而中国人、日本人忌用"4"。黄色在中国象征尊贵与神圣；而在西方则象征下流和淫秽。因此，广告创作与传播中必须注意尊重本土化风俗习惯。

第三，宗教信仰差异。宗教作为一种精神现象，从消费的角度看，既有精神消费的内容，又有物质消费的成分，能满足人们的双重需求；从传播角度讲，它又是能引起人们广泛关注的注意力元素。因此，"把宗教作为广告传播的题材元素，除了能立即引起受众注意外，更有不可低估的吸引力和感召力，这对广告传播而言，本身就是某种意义上的成功"。[②] 但如

果处理不得当，随之而来的争议、冲突甚至诉诸法律也是司空见惯的。例如，美国骆驼牌香烟响遍全球的广告名言"我宁愿为骆驼行一里路"，潜台词是烟民为买骆驼烟，宁愿走到鞋底磨穿。而在泰国投放的电视商业广告则是烟民高跷二郎腿坐在神庙前，皮鞋底磨穿之洞最为抢眼（见图3-4）。该广告一播，泰国举国愤慨，泰国盛行佛教，佛庙是至尊圣地，脚底是污秽之处，在神庙前亮脚丫，实属大逆不道。因此，在广告的创作过程中必须了解并尊重各国宗教信仰的特点及影响，确保在不触犯宗教信仰的前提下实现广告的成功传播。

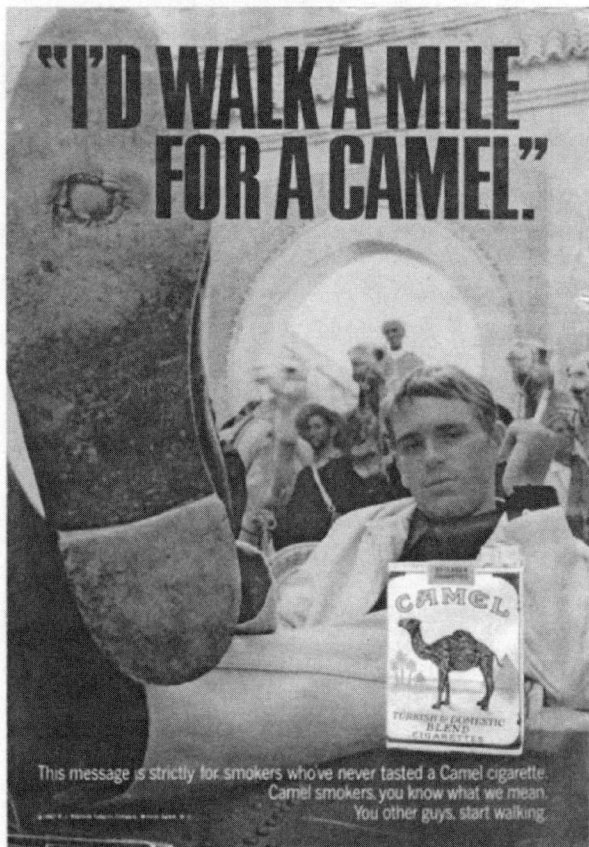

图3-4　骆驼牌香烟广告

资料来源：百度图片。

第四，政策法规差异。发布广告被喻为"戴着镣铐跳舞"，除了宗教等因素，广告的"镣铐"还有法律法规。[①] 各个国家和地区不同的法律法规是在广告创作前必须充分了解清楚的。如德国禁止使用比较广告，比较式广告文案在德国不能刊播。在意大利，"除臭""排汗"这类普通字眼也不能在广告中出现。在中国利用色情做广告是绝对禁止的，而在美国、法国等西方国家，则可以大胆巧妙地采用色情元素。"如果对一国法律和政策烂熟于心，在传播广告文化的过程中就可以使用规避手法，这样既能实现广告传播的目的，又可以绕开当地的政策法规。"[②]

（2）文化差异导致跨文化广告传播中的伦理冲突

跨文化广告传播中的伦理冲突也是在文化差异的背景下出现的，具体表现在以下几个方面。

第一，跨文化广告传播中的价值观冲突。价值观是人们对社会存在的主观反映，是社会成员用来评价行为、事物以及从各种可能的目标中选择自己合意目标的准则。价值观通过人们的行为取向及对事物的评价、态度反映出来，是驱使人们行为的内部动力。在同一客观条件下，对于同一个事物，由于价值观不同，人们会产生不同的行为。这种价值观的冲突直接影响了广告在跨文化传播中的创意及效果。例如，西方社会自古就崇尚英雄主义，强调个体的独立和主体作用，重视个性的张扬，宣扬个人主义的价值观念。在古希腊文化和基督教文化中，有很多关于神的故事和英雄传说，但是它所塑造的神并不重视亲情，比如在古希腊的神话中，有很多杂交婚姻，甚至还有关于弑父娶母的传说。一些神话传说往往和杀戮并存，尤其是现代的美国，极其崇尚个性与自由。在这种文化的熏陶下，广告的创意也突出个性，具有宣扬个人主义的情结。如西方国家的超前意识在广告传播中直接表现为超前消费观念，在广告的影响下，消费者在购买一种产品的时候已经本末倒置，与其说购买商品本身的使用功能，不如说购买一个符号，一种身份象征。这种观念在汽车自媒体广告中尤为明显。西方广告制造出的超前意识与我国意识形态的激烈碰撞，使得不同消费阶层的

① 陈培爱：《中外广告史——站在当代视角的全面回顾》，中国物价出版社，1997，第63页。
② 宋玉书、王纯菲：《广告文化学——广告与社会互动的文化阐释》，中南大学出版社，2004，第133页。

差异与冲突明晰化，阶层矛盾在社会中逐渐凸显。广告跨文化传播时代的
到来，使得许多国外品牌在进行自媒体广告推广的过程中，有意无意宣扬
享乐主义的消费文化，这与我国传统文化中勤俭节约的品德是背道而驰
的。而由于受传统文化的深刻影响，集体主义观念在国人的心目中根深蒂
固。"修身、齐家、治国、平天下""穷则独善其身，达则兼济天下""先
天下之忧而忧，后天下之乐而乐""国家人民的利益高于一切"等，类似
这样的思想也反映在广告之中。虽然我国也出现了大量以自由和个性为主
题的"我"广告，如"我选择，我喜欢"（安踏运动鞋），"我有，我可
以"（佳得乐饮料），"我的感觉，我相信"等，然而"我"广告的受众主
要是在改革开放环境中成长起来的青少年，个人主义价值观念与我国主流
的集体主义观念之间仍然存在激烈的冲突。

第二，跨文化广告传播中的消费观冲突。消费观作为价值观的一个
重要表现方面，也因文化因素的差异而表现出各自的特点。在广告传播
中必须注意各个地区消费观的差异，以防止违背广告伦理的事件发生。
以西方社会和我国为例，西方社会享乐主义的消费文化与我国传统文化
思想中勤俭节约的品德是背道而驰的。随着跨文化广告传播时代的到来，
很多国外品牌在利用广告推广产品的同时，也将资产阶级的享乐主义带
进了国门。很多西方品牌的广告传播中潜伏着大量宣扬奢侈消费的广告，
给社会尤其是未成年人带来了许多时髦的风尚，我们在不知不觉中被广
告带入一个充满物欲和想象的世界。"琳琅满目的产品展示、鼓吹煽动
的言语劝服，使受众越来越远离其实际消费能力，极度刺激人们心中的
欲望，享乐主义开始蔓延，广告的推波助澜使我们的生活空间中到处充
斥着鼓励高消费的口号。"① 虽然为了经济的发展我们强化了消费观念和
消费意识，但我国是一个有着优秀传统文化思想的礼仪之邦，勤俭节约是
我国人民的优秀品德，我国的传统文化思想反对人们把钱用在过度追求物
质消费上，用在个人享乐上。广告通过对消费品和消费方式的示范，对民
族文化甚至民族凝聚力产生的冲击是显而易见的。国外与我国传统文化中

---

① 丁俊杰、董立津主编《和谐与冲突——广告传播中的社会问题与出路》，中国传媒大学出
版社，2006，第43页。

相一致的观念，如提倡节约、循环消费、生态消费等健康的消费观念，应该加大力度引进。另外，西方广告的超前意识在消费层面直接表现为超前的消费意识。在广告的影响之下，消费品已成为一种符号、一种象征，购买一种产品，与其说是消费产品本身，不如说是在消费一个象征符号、一种归属感。消费者消费产品的同时也在消费通过广告附加上的符号价值、象征价值。以汽车广告为例，广告不仅向国人展示了汽车这种西方社会的产物，更将西方的生活方式带入我们的思维，如"都市新贵"开着奔驰、宝马，就足以"彰显尊荣"。汽车广告刻意强化的自由和洒脱，几乎成为区分不同身份的唯一标准。广告强调的象征意义甚至超出了它实际的使用功能，引导人们在潜意识中将汽车看成身份与地位的象征。西方广告不断地制造超前意识，广告宣扬的西方生活模式与我国社会意识形态之间发生了激烈的冲突，与消费人群的现实环境产生巨大的断层，使不同消费阶层的差异和冲突明晰化，使群体共同富裕的承诺在不同阶层消费的巨大反差中变得不再现实。低收入人群由于过不上广告中宣扬的生活而产生失落感、缺失感，甚至通过非正当的手段来满足自身的欲望，导致社会的不稳定。因此，对于广告人来说，创意应该具有社会责任感，只能做缩小阶层差异的广告作品，回避激化阶层差异的广告宣传，注重与国家的主流意识形态保持一致。

第三，跨文化广告传播中的审美趣味冲突。广告文化传播之所以会让受众广泛关注并且倾慕，一个重要的原因就是它能带给人以美的享受，它能够告诉受众什么是美，能够使人得到审美愉悦的欣赏对象就具有美的元素和品质，而广告文化传播就具有显现审美价值、引导审美情趣的社会效应。但是，在对美的认识方面，即人们的审美趣味方面，东西方存在很大的不同。在跨文化广告传播中，如果把握不好这种审美差别，往往会对广告、产品甚至社会产生巨大的影响。例如，在西方广告作品中，一个值得注意的现象就是利用"性"的话题和暗示来创意广告。这些广告为吸引受众的眼球，大量运用女性身体来勾起人们的欲望。西方审美中的外露意识在这些广告中显露无遗。而与之相对的东方审美却更加注重含蓄和内在美，那种西方社会中流行的性暗示广告，在我们看来更多的是"媚俗"。因此，在跨文化广告传播中，要合理运用女性元素，要根据不同文化来创作不同的广告，以符合不同文化背景下人们的不同审美趣味。如果刻意创作那些低俗的充满性诱惑、性暗示的广告和以外表美艳的女性或是色情、性感等话题作为吸引消费者的手段，必然会导致价值取向的歪曲和女性形象的角色错位。如图3-5所示，福特模仿绑架广告为了说明后备厢的空间大，福特在印度发布了一组以"绑架"为主题的平面广告：意大利前总理贝卢斯科尼，绑架了3名性感的制服女郎；美国名媛帕丽斯·希尔顿，绑架了卡戴珊三姐妹；F1车王舒马赫，绑架了维特尔、汉密尔顿和阿隆。广告作品遭到印度民众的强烈抗议，因为当时印度的犯罪率在上升。

图3-5　福特模仿绑架广告

资料来源：百度图片。

第四，跨文化广告传播中的思维方式冲突。思维方式是人们大脑活动的内在程式，它对人们的言行起决定性作用。我国学者刘仲林对中西方思维做过一个概括，他从东西方思维的差别出发，认为："西方主导思维是解析型抽象思维；东方主导思维是整合型意象思维。"也就是说意象思维是中华文化思维的主线，理性思维则主导了西方思维的方向。东方文明由于受到儒、释、道文化的影响，强调"意在言外"，讲究"意深言浅"，这种思维方式在跨文化交流中常常使西方人莫名其妙。西方人是直线思维，喜欢开门见山，喜欢下定义。在广告的跨文化传播中，如果把握不好这种思维方式的不同，往往不能达到好的效果，甚至会引发社会问题。例如，中国银行的系列形象片就让西方人无法把握。其广告开篇词就是"止，而后能观"，其本身就是佛家思想思维活动的独特论断，这种广告就是东方受众都不能完全理解，更何况与我们有巨大文化差异的西方受众呢？①

　　第五，跨文化广告传播中的文化价值观与文化心理结构冲突。从文化精神领域层面来说，不同的文化群体具有各自独特的文化价值观和文化心理结构。例如，我国是一个主张和谐平等的中庸主义国家，而西方却强调文化殖民扩张。当下广告正进入全球化传播时代，全球化传播并不意味着人类进入了绝对平等的"地球村"，全球化是有主导文化的。正如弗兰西斯·福山所说，全球化必然就是美国化。在全球化传播时代，以美国为核心的资本主义国家依赖其对全球政治、经济和文化领域的控制，不可避免地居于霸权地位。带有浓重西方文化色彩的广告对我们既有的生活方式、价值观念也产生了潜移默化的影响，这种影响尤其体现在青少年身上。比如许多民众依然认为用广告来宣告安全套"有悖于我国的社会习俗和道德观念"。公众之所以这样认为，是基于自己的知识框架和道德认识而作出的判断，而这样的知识结构和道德认识源于自己长期接受的教育和文化环境的熏染，即源于中国特有的传统性伦理文化。② 对于我国来说，还是要强调吸取西方文化中的精华，抛弃其糟粕，如果一味地接受，将会给我国造成无法挽回的损失。

（二）商业广告伦理与公关活动

　　公共关系与广告共同作为整合营销传播中的要素，在营销活动中有不可取代的地位。随着公共关系学的深入发展以及《公关第一，广告第二》一书的问世，广告与公共关系之间联系的研究引起了广大学者的普遍关注，也使得广告传播越来越离不开公关活动。从广告的伦理学角度来看，公关活动对广告伦理的影响是值得关注的。

1. 广告与公关活动的关系

　　公共关系是一个社会组织与其社会公众建立的全部关系的总和，它发挥着管理职能，开展着传播活动。公关活动是指社会组织在公共关系策划过程中采取的一系列具有良好社会效果的公共活动，主要包括新闻发布

---

① 陈培爱：《中外广告史——站在当代视角的全面回顾》，中国物价出版社，1997，第91页。
② 陈正辉：《广告伦理学》，复旦大学出版社，2008，第152页。

会、记者招待会、参与公共事务、撰写演讲稿、座谈会、集资、开展会员活动、刊物出版以及特别事件的管理等。公关活动与广告之间既存在联系，也存在区别。①

（1）广告与公关活动的联系

广告和公关活动有着相同的目的，并可形成互助互利关系。第一，广告与公关活动的目的相同。广告与公关活动，同作为现代企业促销中的重要因素，虽然采取的手段、方式有所不同，然而目的却都在于促进企业的销售，提高企业的经济效益与社会效益。以树立企业形象为目的的广告，实际上就是向公众"推销"企业的形象，以促进企业的销售，因而可以说，某些广告活动实际上就是一种以广告形式展开的公共关系活动，两者密不可分。

第二，广告与公关活动可相互借力。一方面，公共关系活动常常需要利用广告的手段，通过现代媒介予以更广泛的传播。公共关系活动只有"广而告之"，才有可能在更广的范围内造成更大的社会影响，获得更广泛的社会效果。广告是推行公关活动最为有效也是最为经济的一种方式。另一方面，广告需要借助公共关系活动来加强其效果。广告活动如果能建立在良好的社会公众关系的基础之上，建立在社会公众对企业的充分理解和支持之上，广告所传达的销售信息将能更快更有效地得到公众的认同和接受。因此，公关活动又是强化广告效果的一种强有力的手段。

（2）广告与公关活动的区别

广告与公关活动之间也存在内涵、销售目的及对消费者的影响不同的区别。

第一，内涵不同。一般商品广告通过商品信息的传播和品牌形象的树立来吸引消费者，导致购买行为的发生；公共关系活动则主要是通过企业与社会公共关系的沟通和改善，力求在消费大众中树立起良好的企业形象，以此来促进和影响销售。著名营销学专家科特勒对公共关系的定义

---

① 朱海林：《安全套广告的伦理争议与改革策略》，《昆明理工大学学报》（社会科学版）2017年第4期。

是："公众是任何一组群体，它对企业达到其目标的能力具有实际的或潜在的影响力。"[①] 公共关系的建立旨在提高消费者对组织的认知度、组织的知名度以及美誉度，公关活动作为公共关系得以建立的一种形式，目的也是提高组织的知名度以及美誉度，"努力做好，让人知晓"是公关活动的基本要求。

第二，销售目的不同。公关活动的销售目的比广告更为间接：广告是为产品提供一种购买的理由促成购买行为；公关活动则主要寻求超乎产品之上的社会公众对企业从理智到情感的全面理解和支持，为产品的销售创造有利的人际环境。如今的经营竞争日趋激烈，公众认同和良好关系的建立不可能再靠企业自己凭空臆断，而要靠不断争取。公关活动的失败就意味着丧失顾客和利益，要花费宝贵的时间去应付投诉或官司，名誉受到损害，会削弱组织的品牌资产、财产保障能力、销售能力和扩展能力。

第三，对消费者的影响不同。公关活动可以使企业赢得消费者的支持，获得消费者的理解或使其持中立态度，或引起一定的反响。良好的公关活动有助于形成长期良好的关系，是一个持久的过程，在关系营销和整合传播中扮演着重要的角色。总的来说，作为社会公众的消费者，从广告中得到的主要是对产品的认知，从公共关系中实现的则是对企业的认同。

另外，公关活动与广告的区别还包括其他几方面，如表 3 - 1 所示。

表 3 - 1 公关活动与广告的区别

公关活动	广 告
增加可信度	增加知名度
"赚回来"的宣传计划，无须为媒体报道付费	"买回来"的宣传机会，须支付广告费
对媒体报道的内容具有有限控制权	对媒体报道的内容具有完全控制权
新闻主导，可信度较高	客户主导，可信度较低
花费成本较低	花费成本较高

---

① 菲利普·科特勒：《市场营销学教程》，俞利军译，华夏出版社，1996，第 268 页。

2. 广告伦理在公关活动中的体现

公关活动的目标就是改善广告受众的公共舆论，创造美誉，并为组织建立和保持令人满意的声望，同广告受众之间建立并保持良好的关系，通过广告受众的信任度来提升广告组织的知名度与美誉度。

（1）广告主体在公关活动中的伦理追求——道德责任

广告主体是指广告市场中的三大行为主体，即我们所熟知的通常意义上的广告主、广告公司、广告媒体。广告市场中的三大行为主体肩负着维护广告市场和谐的重任，因此，对道德责任的伦理追求成了必须考虑的问题。广告主体对道德责任的伦理追求在公共关系中则是通过公关活动实现的。

第一，广告主体进行公关活动的目的。在商业经济对社会的影响越来越大的今天，广告主体的道德责任已成为人们关注的热门课题。如何在合理地运用有限资源的过程中创造出最大的利润？如何在追求最大效益的基础上又能很好地保护环境？如何做到取之于民、用之于民？这些问题被摆到了广告主体的发展过程中。公关活动与广告采用的方法不同，广告主体参与广告传播活动的目的是获取经济利益，虽然现今有不少广告主体通过制作公益广告来提升自己的社会形象和企业形象，但是仅靠少量公益广告是无法获取广大受众的信任的。广告主体针对这一系列问题，采取了适当的措施，其中一项重要措施就是进行公关活动。换句话说，广告主体进行公关活动的主要目的是在广告传播过程中，通过追求道德责任，实现伦理追求，从而实现利益的最大化。道德责任作为广告主体进行公关活动的伦理追求，在很大程度上帮助广告主体利用有限的资源创造了丰厚的物质财富和精神财富，也使社会更加和谐与稳定。

第二，广告主体对伦理追求的必然性。广告主体在广告的传播过程中，对伦理的追求存在必然性。

首先，只有关注伦理追求的广告主体，才有广泛的社会基础。1984年管理学者 Freeman 在他的著作《战略管理：利益相关者分析方法》里，第一次把利益相关者分析引进管理学中，并把利益相关者定义为影响企业的经营活动或受企业经营活动影响的个人或团体。同时指出任何一个健康的企业只有与外部环境的各个利益相关者建立一种良好的关系，才能达到双赢的结果。① 从 Freeman 的论述里，我们可以得出这样的结论：广告主体要想保持可持续发展的势头，就必须考虑到公众的利益以及道德责任。

其次，广告主体中的人才越来越多样化，必须用道德责任的伦理追求来整合团队。21 世纪是世界越来越小、变化越来越大的世纪。广告主体开始走向规模化、国际化，广告主体需要的人才也呈现出多元化、多样化的特点，广告主体对于人性的思考上升到了一个新的理论高度。因为以高薪留人总有人用更高的薪水来挖人，广告主体必须用一种新的人本思想来凝聚人心，道德责任的灌输无疑是最好的方法之一。当代经济的发展也越来越表明，广告主体中的广告从业人员所拥有的高素质的劳动比物质资本更稀缺。世界上一些发展较好的广告主体机构，如通用公司就十分重视在企业与员工之间建立良好的关系，为员工提供优秀的个性化管理，让更多的员工参与到企业的管理中来，让他们感受到人性的关怀与尊重。被誉为世界汽车发展史上神话的"本田科研"能有如此辉煌的成就与人性化的管理是分不开的。本田的理念"买得喜悦、卖得喜悦、做得喜悦"，就充分体现出了对人性的尊重。由此可见，广告主体对员工的管理应该从员工的思想工作做起，向其灌输责任道德意识，在工作中整合他们的精神力量，继而为广告主体的进一步发展作贡献。

（2）公关活动在广告客体中的伦理目标——赢得信任

广告活动由广告主体、广告信息、广告客体和广告效果共同构成。广告客体，就是指广告作用的对象，即接收广告信息的受众。我们可以把广告客体分为三类：一是作为社会人的广告客体；二是作为消费者的广告客体；三是作为媒介受众的广告客体。公关活动在广告客体中的伦理目标是赢得信任，只要建立良好的信任关系，广告客体与广告主体就会和谐发展。

第一，公关活动增强了广告客体对广告主体的认知。通过公关活动，广告客体对广告主体的认知得到进一步加强，广告客体不再单纯地依赖广告主体所提供的广告作品对广告主体进行了解，而是从广告主体所进行的

---

① 陈正辉：《广告伦理学》，复旦大学出版社，2008。

公关活动中进一步对其加以了解。广告客体有促进或阻碍广告主体达到其目标的能力。一个聪明的广告主体机构采用具体的步骤来管理与它有关的广告客体的关系，这种管理在大多数广告主体机构中是通过一个公共关系部来策划完成的。公关部门监视组织的种种关系，发布和传播信息，以建立良好的信誉。当负面宣传发生时，公关部门要充当调解者。工作出色的公关部门应花费时间向管理当局提出咨询意见，建议采用积极方案并阻止有问题的活动，从而避免负面宣传出现。

第二，公关活动增强了广告主体对广告客体的吸引力。广告主体通过有效的管理和积极良好的公关活动，谋求组织内部的凝聚力与组织对外部广告客体的吸引力；通过双向的信息沟通，争取广告客体的谅解、支持与爱戴，谋求与实现广告主体和广告客体双方的利益。广告主体对广告客体吸引力的培养，需要考虑多方面的因素，公关活动就是其中的一种。公关活动在传播过程中，展示了广告主体服务社会的理念，将广告主体的高效性与公益性展现在广告客体的面前，这使得广告客体对广告主体的认知得到了加强，广告客体对广告主体的信任得到了提高，广告主体与客体之间的关系变得融洽，广告主体的向心力随之不断增强，对广告客体的吸引力也就不断增强，广告客体更愿意团结在广告主体周围，成为其忠实的拥护者。

第三，公关活动有利于与广告受众建立良好的关系。企业在采取公关行动时，应考虑到参与受众的特征、地域分布以及媒介习惯等，以便正确界定企业公关影响的受众范围，采取更适当的公关形式，取得更佳的公关效果。这里有两个关键点：一是企业借助媒体公关，一定要根据企业的产品定位以及目标群体特征选择适合的媒体；二是应充分考虑目标受众的特征和媒介习惯，这有助于企业选择最合适的沟通方式。公共关系不同于广告的单向传播，它重在沟通，沟通才更有利于发布信息、回馈信息，发现问题、解决问题。公关不是强行灌输理念，它是"软性"的，并不会让受众产生抗拒心理。相反，如果报纸以新闻的方式说，海尔空调不负众望，又出了新品，领先全球，真是民族的骄傲。可想而知，带给消费者的绝对是另一种感受。当然，前提是这则新闻不能是假新闻或新闻广告。

3. 公关活动对广告伦理的影响

公关活动作为营销沟通的重要手段，有利于增强广告组织的凝聚力、销售力，有利于提升广告组织的知名度和美誉度，有利于形成规范的社会管理环境，并在出现广告伦理危机时成为化解危机的利器。

（1）良好的公关活动对广告伦理的积极影响

在公关实施的过程中，可以运用的公关工具有很多。企业要想把公关活动准确有效地传播给接受者，关键是要找到合适的公关工具。所谓合适的公关工具是指可以如期向目标对象传达公关内容并解决公关问题，同时又在公司公关能力允许范围之内，具有切实可行的操作价值的公关工具。主要的公关工具包括媒介公关宣传、社会参与、公司广告三种，其中公司广告是一种延伸的公关职能，与一般商业广告所不同的是，它并不直接推销任何产品或品牌，而是通过改善公司形象、对某一社会事件或者公益事业表明立场或直接参与来推销整个公司。"公司广告包括三种形式，即形象广告、倡导广告和公益广告。"[①] 从严格意义上来讲，它们都是广告的重要形式。我们这里所讲的良好的公关活动对广告伦理的积极影响，也是从这一角度出发的。

以丰田召回事件为例，在丰田公司因一系列质量问题被迫召回超过800万辆汽车后，公司总裁丰田章男就美国市场的丰田汽车召回问题，出席美国国会举行的听证会。据悉，这是丰田章男首次赴美进行相关处理活动。丰田已在日本大部分报纸上刊登了致歉广告，为其在国内召回新型混合动力车普锐斯等四款问题车型表示道歉。在这个时间内，丰田面对的危机可以分为两个层面，一是产品的质量危机，二是建立在产品质量危机上的信誉危机和形象危机。前者说到底是管理危机，可以通过优化管理来解决；后者是公关危机，需要通过及时、有效的危机传播管理来解决。公关要解决的是沟通与对话的问题，它不是万能的，企业首先应做到产品和服务到位，公共关系和危机管理不能替代企业内部与外部其他方面的管理。丰田章男也在北京记者会上表示，丰田应该回归顾客第一的理念。看来丰田吃过"被动"与"滞后"的苦头之后，想要重申自己过去的企业理念，

---

① 卫军英：《现代广告策划》，首都经济贸易大学出版社，2006，第244页。

更想要重新校正自己的企业行为，因为公关的真谛是企业利益、公众利益、社会利益的共同满足。

（2）危机公关是化解广告伦理冲突的有效武器

第一，危机指的是危及组织利益、形象、生存的突发性或灾难性的事故与事件，主要可分为自然灾害、人为破坏、失实报道、自身行为不当、社会其他（政治、经济）因素。危机的特点主要包括突发性、普遍性、严重性、危害性。对危机处理的原则，不同的人有不同的看法，不同的公司有不同的做法。英国危机公关专家里杰斯特提出了著名的三"T"原则：其一，做到三"T"，即 tell your own tale（以我为主提供情况），tell it fast（尽快提供情况），tell it all（提供全部情况）；其二，公众至上；其三，声誉至上。在三"T"的基础上，处理危机必须把握好以下几个环节：深入现场，了解事实真相；分析情况，确立处理对策；安抚受众，缓和对抗形势；联络媒介，主导舆论动向；多方沟通，加速化解矛盾；有效行动，转危为安；总结提炼，反败为胜。[①]

第二，危机公关指的是在发生形象受损或预测到即将发生危机时，组织所采取的一系列与社会公众积极沟通、把损失降到最低限度的公共关系活动。组织开展危机公关可以有效地化解危机，实现效益最大化；可以降低组织的隐性成本，可以化被动为主动，有效提升组织的知名度与美誉度。换句话说，组织面临危机时，公共关系的介入，既可转危为安，更可重塑信誉。需要注意的是，危机公关是一门示范性艺术，展示信息永远优于陈述信息。组织在尚未了解事实真相的情况下，采取这种做法有利于博得受众的同情与支持。

第三，良好的危机公关需做好危机的处理工作。做好危机的处理工作是良好的危机公关必须具备的素质。根据英国危机公关专家里杰斯特的观点，必须做好如下工作：面对灾难，应考虑到最坏的可能，并及时有条不紊地采取行动；在危机发生时，以最快的速度建立"战时"办公室，或危机控制中心，调配训练有素的专业人员，实施控制和管理危机的计划；新闻办公室应不断了解危机管理的进展情况；设立热线电话，以应付危机期

---

① 何春晖编《中外公关案例宝典》，浙江大学出版社，2004。

间外部打来的电话，让训练有素的人员接听热线电话；了解组织的公众，倾听他们的意见，并确保组织能缓和公众的情绪，可能的话，通过调查研究来调整组织的计划；设法使受到危机影响的公众站到组织的一边，帮助组织解决有关问题；邀请公正、权威性的机构来帮助解决危机，以便确保社会公众对组织的信任；时刻准备应付意外情况，切勿低估危机的严重性；要善于创新，以便更好地解决危机；危机管理人员要有足够的承受能力；当危机处理完毕后，应吸取教训并以此教育其他同行。[1]

第四，良好的危机公关是化解广告伦理冲突的有效武器。从广告的伦理角度看，广告行业在自身发展过程中，必然会出现一定的伦理问题。当广告行业出现问题时，危机公关不失为一种解决问题的方法。通过良好的危机公关活动，广告组织可以建立起与媒介之间的互信互利关系，团结内部员工以增强向心力，博得顾客的同情以提高销售力，为组织创造更多的社会财富。良好的危机公关是化解广告伦理冲突的有效武器。当然，以上所说的这些好处都是建立在危机公关运用得当的基础上的，如果在危机公关中处理不当的话，后果会很严重。最为典型的例子是 2001 年南京冠生园被曝光使用陈年馅料制作月饼的事件。南京冠生园虽然在危机公关时作出了反应，表示了重视程度。然而，它所作的反应并不及时，对新闻伤害的反应也不够灵敏，所作的"声明"虽有一定的道理，但是也存在不足。一句"本行业内都是这么制作月饼的"，将自己打入了地狱，毁灭了前途，也将自己放到了同行的对立面，真是"损人不利己"。如果冠生园在公关危机中能够有效地运用危机事件的正确处理方式，那么它也不会在这次事件中走向低谷。

（三）商业广告伦理与消费者觉悟

随着经济的发展和国际竞争的加剧，市场正在发生急剧的变化。作为市场非常重要的组成部分，消费者也发生了巨大的变化。广告不仅仅是一种经济现象，同时更具有伦理引导和心理暗示的意义。广告的形式、内容（包括广告语，广告中的人物造型，运用什么样的色彩、描述什么样的故

---

① 何春晖编《中外公关案例宝典》，浙江大学出版社，2004。

事等）都在向受众输出一种价值观、人生观，或倡导或否定，或重构或颠覆。在五光十色的广告中，公众难免受到广告的价值熏陶、伦理引导以及心理暗示，在不知不觉中被广告所牵引。[①] 今天中国的消费者已不再一律穿灰色制服了，他们有各自不同的消费需求和消费心态。除了 20 世纪 80 年代之前造就的节俭一代外，中国还有两个主要消费群体：一个是 80 年代后逐步富起来的主导消费群；另一个是 80 年代后出生的，也是受国外品牌影响的一代，他们在全新的环境中长大并已成为消费主导的一代。

1. 消费者觉悟的概念

不同的消费群体有不同的觉悟，同一消费群体在不同时期也会存在不同的觉悟。

（1）消费者的含义

消费者是市场活动中具有消费行为的人，其作为一种最为普遍的市场主体，越来越受到社会各界的重视，学界对消费者的研究也进入了一个新的时期。根据《消费者权益保护法》等法律的规定，消费者是指为生活消费需要购买、使用商品或接受服务的居民。它应具备以下几个条件：其一，消费者应当是为生活而进行消费，如果消费的目的是用于生产，则不属于消费者范畴；其二，消费者应当是商品或服务的受用者；其三，消费的客体既包括商品，也包括服务；其四，消费主要是指个人消费，但是也有例外，如我国《消费者权益保护法》并没有明确规定消费者是指消费者个人，实质上消费者既包括消费者个人，也包括单位或集体，只要是出于生活目的消费，都属于消费者范畴。

（2）消费者觉悟的内涵

觉悟指的是对一个人或一件事的看法不再停留于表面，而是从更深层次去发掘其本质。觉悟是一个具有对象性的、习得的倾向，它发生在一定的情境之中，与行为之间存在一致性。消费者觉悟指的是消费者对消费主体、消费客体、消费方式、消费行为等的认识不再局限于以往，而是从自身的角色变化出发，对它们有了更深层次的认识。

---

① 白超、韩跃红：《我国人工流产广告的现状及其伦理审视》，《昆明理工大学学报》（社会科学版）2017 年第 5 期。

作为个体的消费者与社会和文化结构下的消费者之间具有不同的觉悟，同一消费者在不同时期也会存在不同的觉悟，这是由消费者的个人因素和文化环境因素决定的。

（3）消费者觉悟的形成

消费者觉悟的形成是一个习得过程。消费者的觉悟不是凭空想象的，而是消费者通过自身的不断尝试、学习、感知，继而在思想上达到的一个认识高度。比如消费者对某一产品的觉悟可能在购买和消费该产品之后，开始时并未对产品有太多的认识，只是抱着尝试的心理购买产品，使用以后，对该产品有了深层次的了解，思想才有了觉悟，不会再继续感性地消费，而是结合自身的实际情况进行理性消费。这就涉及影响消费者觉悟的问题。一般来说，个人的经验、家庭和朋友、直销和大众传媒等对消费者觉悟的形成有着深刻的影响。形成对产品和服务觉悟的主要方式是通过消费者尝试和评估它们的直接经验。另外，人格因素在消费者觉悟形成过程中起着非常重要的作用，具有较强认知需求的个体，即渴望得到信息且乐于思考的人，可能在对与产品相关联、有较丰富的信息的广告的反应中产生新的觉悟。

2. 消费者觉悟的界定

广告效果包含两个研究方向：一个是研究广告效力测定的方法和技术；另一个是研究广告活动对消费者产生了哪些影响，究竟起到了哪些效果，对文化、社会的进步和发展起到什么样的作用。对消费者觉悟的界定分析属于第一种效果研究。

（1）消费者的角色变化

目前来看，大部分消费者还不算特别富裕，同时，假冒伪劣商品还屡禁不止，消费者在购买商品特别是贵重物品时，仍面临较大的风险，产品质量、性能、价格、售后服务等仍然是消费者十分关注的问题，因此，广告中要适当地传达这些信息内容。广告有效传播的前提是熟悉消费者，这就需要认识到广告传播中的消费者角色变化问题。消费者的角色变化主要体现在两大方面。

第一，消费者对自身认识的变化。广告心理学对消费者的研究使广告主对消费者有了新的认识，同时，时代进步及广告业发展对消费者的影响也使得消费者对自身有了新的认识。消费者对广告了解程度的提高使其不再一味被动地接受信息，而是积极主动地去注意和选择自己喜欢的、感兴趣的信息，消费者对自身的定位也从原来的消极被动变为现在的积极主动。同时广告在创意策略上也不再以广告主为中心，而是站在消费者的角度，一切以消费者为中心。

第二，广告行业对消费者认识的变化。无论广告的性质多么丰富、广泛、多种多样，都无法抹杀其作为一种特殊产品和以诱导购买为直接目的的商业行为所具有的消费性本质。消费性是构成广告必不可少的基本要素之一，而消费者的消费行为则是广告行业追求的第一目标。广告直接为社会的消费活动服务，它的直接指向是消费者及其消费需求。广告以消费宣传为中心，致力于倡导人们在现实生活中最大限度地享用社会提供的一切物质条件和精神产品。它把刺激消费的宗旨放在首位，突出强调消费具有的社会意义和消费活动给人带来的欢乐和幸福。中国移动动感地带的"我的地盘听我的"就是一个非常成功的案例，它准确地把握了年轻人强调自我的性格，广告主针对这一年龄层的消费心理推出了各种不同的服务，受到年青一代的追捧。广告以现实的利益交换为实现途径，它的发生与发展有赖于平等交换的现实消费关系的建立和发展。只有以完成市场现实利益平等交换的经济行为为前提，才能实现其作为一种社会现象的价值和功能。广告产生的直接动力是现实生活中交换价值的实现，获得必要的经济利益，是广告活动首要的指导思想。如果我们理性地考察广告活动中广告商、广告公司、消费者三者的关系就会发现，前两者有明确的营利目的，无论在何种情况之下，它们都不会忽视消费者的消费特性。

（2）消费者觉悟的界定

消费者角色的变化带来了消费者觉悟的变化，消费者觉悟是一个认识提高、发生质的飞跃的过程。一般情况下，消费者觉悟容易受外界环境的影响，尤其是由社会文化因素的影响而形成的不同文化背景和知识经验等。因此，对消费者觉悟的第一个界定主要从社会文化环境因素出发，表现为消费者维护自身权益的觉悟与承担道德责任的觉悟。消费者维护自身权益的觉悟主要是指消费者善于利用《消费者权益保护法》等法律来维护自身的权益；消费者承担道德责任的觉悟主要是指消费者在消费活动中道德责任意识的增强，勇于承担起自己在社会中应当承担的道德责任，担负起监督广告行业重任的同时给其他消费者一定的引导。另外，消费者觉悟与消费行为之间存在一致性。例如，当一个荷兰消费者说他喜欢德国产的汽车胜过日本产的汽车时，我们可以预测他下次到市场上买一辆新车时，更可能买一辆德国的汽车。因此，对消费者觉悟的第二个界定主要从消费者的消费行为出发，表现为消费者科学消费的觉悟与主动参与的觉悟。菲利普·科特勒曾把人们的消费行为分为三个阶段：量的消费阶段、质的消费阶段、感性消费阶段。这种发展趋势是由社会经济发展和消费者的需求决定的，但是现阶段，科学消费是一种更为明智的选择。消费者科学消费的觉悟主要是指消费者在情感诉求泛滥、象征符号消费的现代社会要有自己的原则，不要盲目跟风，采取理性消费的谨慎态度；消费者主动参与的觉悟是指消费者在广告活动的策划过程中，积极配合广告从业人员的工作，积极主动地参与到广告活动中，主动地选择广告信息，分辨信息的真伪以及利弊。

3. 消费者觉悟与广告伦理相互影响

在消费者觉悟对广告伦理存在巨大影响的同时，广告伦理也对消费者觉悟具有反作用。

（1）消费者觉悟对广告伦理的影响

首先，消费者觉悟程度的高低决定其道德素质的高低。从对消费者觉悟的界定中我们不难发现，消费者觉悟中有一种是消费者承担道德责任的觉悟，这是消费者道德素质的集中体现。一般情况下，消费者觉悟越高，其承担道德责任的觉悟越高；消费者觉悟越低，其承担道德责任的觉悟越低。因此，我们可以说，消费者觉悟程度与消费者的道德素质成正比。消费者觉悟程度主要是由消费者的文化背景、知识经验决定的，虽然在消费行为过程中会受到其他环境因素的影响，然而，单纯地讨论消费者觉悟与道德素质之间的关系时，正相关更能充分反映两者的紧密联系。

其次，消费者觉悟程度的高低影响广告伦理缺失的成本。从对消费者觉悟的界定中可以发现，消费者觉悟程度的高低，直接地反映在广告监督、广告销售力、广告的策划活动、广告行业的社会道德责任领域，而这些部门工作效果的好坏直接影响广告伦理环境的好坏。广告伦理环境中某些因素的缺失会造成一定的损失，既包括物质损失，也包括精神损失。因此，我们可以说，消费者觉悟程度越高，广告伦理的缺失现象越少，由缺失造成的成本损失就会越低；相反的，消费者觉悟程度越低，广告伦理的缺失现象越多，由缺失造成的成本损失也就会越高。为了降低广告伦理缺失的成本损失，消费者应该尽到自己的职责，不断地提高自身的觉悟水平，为广告业的发展作出贡献。

再次，消费者觉悟程度的高低决定广告监督的水平。市场经济不但是法治经济，也是消费者主权经济。市场经济中的任何行为都和消费者有着直接或间接的联系。广告监督是广告行业伦理建设的一项重要内容，仅靠国家行政管理的强制和行业组织的自律是远远不够的，还需要借助广泛的社会舆论和消费者的监督。消费者对广告的监督，体现了社会主义国家进行广告管理的特点，也是社会主义国家监督的民主性和人民当家作主自觉性的客观要求。消费者的觉悟程度越高，说明消费者承担社会道德责任的意识越强，对广告的社会监督越用心，而广告监管部门的监督过程就会更省力气，更易轻松地完成监督工作。另外，消费者对广告行业的监督加大了广告监管的力度，加深了广告监管的深度，提高了广告监管的层次。

（2）广告伦理对消费者觉悟的影响

广告伦理环境制约了消费者觉悟程度的高低。消费者对广告主题产生共鸣之日，也就是广告成功之时。安德里亚（Andrea）等三位学者研究发现，"对于那些先前对广告有消极态度与高渴望隐私保护的消费者，存在（而不是缺乏）一个隐私信任标识（Privacy Trustmark）会提高对广告主道德与信任的感知，降低广告相关的隐私担心，促成更加有利的行为意图"。[①] 共鸣的程度越高，则广告的效果越好。在现代社会中，消费者是理性的，他们的决策完全依赖于有关商品的信息，力求所购的商品达到最大的效用，包括生理和心理效用，即所谓效用最大化。广告信息对消费者说服力的大小、消费者对信息是否接受，都是以消费者自身利益是否实现为

---

① 孟茹：《美国在线行为广告的自律规制研究》，《新闻界》2016 年第 10 期。

前提的。如果广告所提供的信息能够满足消费者的某种需求，那么消费者对广告信息的关心程度会提高，广告信息便能顺利地到达消费者，因此符合消费者利益应成为广告伦理的核心与首要原则。围绕这一原则形成的伦理环境越好，消费者的觉悟程度越高；相反的，围绕这一原则形成的伦理环境越差，消费者的觉悟程度越低。

第四章

商业广告的伦理缺失及其危害

"广告行为是一种具有广告社会性的活动，由此决定了广告人如同此前的其他信息传播者一样，总是为社会中的某一部分人，或是为整个社会在进行广告，而不是单纯为了广告公司和广告主。"① 而广告作为大众媒体传播最主要的内容之一，在现代社会已无处不在，并作为社会经济的一部分对整个社会产生了深刻的影响。广告一方面传播着商品信息，显示着商业的本质，使人们接受其推销的商品和服务；另一方面也使人们认同其在传播中所推崇、主张的具有确定文化意义的人生观、世界观、价值观及生活观，承担了文化负载的功能。但与此同时，广告的欺诈行为、道德失范、恶性竞争等也已经成为日益严重的社会问题，给社会和人们的生活带来了某种程度的困扰。由于相应的具有普遍约束力的法律、法规还尚未完善，监督管理机制尚未成熟，行业自律尚存不足，加上广告人自身素质参差不齐和道德意识比较淡薄，广告行为经常处在"道德无政府状态"。② 因而，广告伦理问题正日益成为学界和业界关注的焦点。

一　商业广告伦理缺失的表现

作为带有强烈商业色彩的信息传播活动，广告总是行走在法律和道德

① 陈正辉：《广告伦理学》，复旦大学出版社，2008，第131页。
② 陈正辉：《广告伦理学》，复旦大学出版社，2008，第132页。

的边缘，就好像在悬崖边起舞，稍有不慎便会坠崖，摔得粉身碎骨。在现实社会中，广告经营者们总是希望在不突破法律底线的前提下获取利益的最大化，这就是常说的"打擦边球"。由于广告行为以及广告环境的复杂性，打擦边球的分寸是很难掌控的，广告往往一不小心就会"越线"，其表现形式也五花八门。本部分根据违规广告的信息特征，分类梳理广告伦理缺失的各种表现。

（一）虚假广告

真实是人类思想史上最久远也是最有魅力的话题之一，从古开始就有不少讨论，哲学家对真实提出了各种论辩，虽然至今仍未有一致意见，至少有几种讨论路径。而广告的真实性问题却很特殊：公众对它的真实性要求最迫切，然而广告却让人感到最不真实。这个重大反差，至今仍是广告学理论和实践不得不面对的最大困难。广告作为沟通消费者和企业的实用性体裁，其使命在于说服。只有真实可信的广告，才能说服受众接收信息并采取行动，因此其最必备的属性便是真实。[①] 虚假广告是所有广告伦理失范行为中最为普遍、性质最为恶劣、社会危害最大的一种广告表现形式。虚假广告的表现形式五花八门，或欺诈，或夸大，或通过各种方式造成消费者的误解，从而欺骗或误导消费者采取购买行动，侵害了消费者和其他经营者的合法权益。

1. 虚假广告的释义与类型

"在广告传播中，最为常见的伦理问题是广告所传播的信息的真实性问题。在广告的传播实践中，我们发现媒体上充斥着大量虚假不实的广告。"[②]

（1）虚假广告的界定

对于虚假广告的界定，理论界一直没有一个明确、统一的说法，在这里，我们参考了各种对虚假广告的描述。

---

① 饶广祥、刘玲：《从符合论到社群真知观：广告真实的符号学分析》，《国际新闻界》2017年第 8 期。
② 邓名瑛：《传播与伦理——大众传播中的伦理问题研究》，湖南师范大学出版社，2007，第 74 页。

我国台湾学者林山田称虚假广告为"不实广告",他认为"不实广告"是指工商企业者以刊登或散发虚伪不实广告,使消费大众信以为真,而从事价格、品质不相称的经济交易。从林山田的观点可以看出,其所指的"不实广告"实质上也就是虚假广告,而且是限定为商业性的虚假广告,其从主体、手段和目的等方面都作了较严谨的描述,但是由于仍有不妥之处和其他方面的局限,没有被普遍采用。①

参考国际通行的广告准则,美国联邦贸易委员会(FTC)对"虚假广告"作了如下界定:"虚假广告这个词意味着广告在实质性方面是令人误解的;而且在认定某一广告是否令人误解之时,要考虑的不仅有陈述、词句、外观设计、图案、音响及这些东西的混合体合成的或蕴含的声明,还有广告没有揭示的事实范围,这些事实从声明来看是实质性的,或者从可能导致对广告商品利用的结果来看是实质性的。"②

根据以上对虚假广告的表述,我们可以给虚假广告下这样一个定义:广告活动中对服务或商品的内容作不真实的宣传,对服务或商品的性能、用途、产地质量等表述模糊不清,使用资料、数据不准确真实,从而误导或欺骗消费者采取购买行动,侵害了其他经营者和消费者合法权益的违法行为。

根据以上定义可以对虚假广告做以下两个方面的界定:第一,广告的内容令人产生误解,这个内容范围不仅包括广告中的文字、语言、音响等,还包括文字、语言、音响等背后的内容;第二,广告的内容从字面上看没有半句假话,但是只道出了部分事实,用"不对称"的信息误导消费者。

(2)虚假广告的类型

根据上述定义,我们在本书中把虚假广告分为两类——误导性虚假广告和欺骗性虚假广告。欺骗性虚假广告,即商品宣传的内容与商品的真实情况不符。误导性虚假广告,指可能使宣传对象或受宣传影响的人对商品的真实情况产生错误的联想,从而影响其购买决策的商品宣传,这类广告

---

① 陈正辉:《广告伦理学》,复旦大学出版社,2008。
② 汪涛:《广告学通论》,北京大学出版社,2004。

往往夸大事实，语意模糊，令人误解。

虚假广告是广告行为主体主观故意的欺骗行为，其欺骗手法也是多种多样的，主要有以下几种类型。

广告主虚假。广告有意伪造或者隐瞒企业的名称，广告中提供的企业地址、联系人地址不存在，提供的企业信息不真实，或者产品的商标虚假，未经注册。例如，杭州中茗实业有限公司"贡"字牌商标违法广告案，该公司的西湖龙井罐装茶饮料广告中标明，该产品注册商标为"贡"字牌，并且标注其为"著名商标"字样，但事实是"贡"字牌并非注册商标。该公司将未注册商标冒充注册商标使用，并自标为"著名商标"，欺骗消费者购买。

广告内容虚假。这类广告的内容和事实明显是相悖的，或者对产品性能、产地、来源、用途、质量、有效期、生产者等事项做虚假表述和演示，或者用虚构的消费者、患者来证明产品或服务的效果，或者使用虚假的数据、统计资料、调查结果、检测报告等来说明产品或服务的质量和性能。例如，广州京粤广告公司"免费做广告"的虚假广告案，该广告公司在两家广播电台发布信息说"做广告不用钱"，可是实际情况虽然是"免费做广告"，但是要求客户先期投资服务费用，三年后还本，利息不退，也就是说京粤广告公司以广告客户三年投资的利息为广告费，并非免费做广告，或不花钱做广告，广告内容与实际相悖。2015年央视八套播放了一则化妆品品牌法兰琳卡的15秒的广告，这段广告不断重复着"我们恨化学"这句话，甚至直接用这五个大字占满屏幕。北京大学教授周公度认为"这是一则反科学，破坏化学教育的坏广告，内容毫无基本科学素养"。作者强调这是广告创意，意味着"天然"，但会让不了解情况的人产生"化妆品可以做到不含化学成分"的误解，这样博出位的炒作涉嫌误导消费者，会让大众觉得化学不好，甚至产生恨化学的心理。

广告模特虚假（滥用或盗用社会公众人物做形象代言）。此类虚假广告多见于药品、医疗器械、保健食品广告中，如一些公众名人做的保健品广告，名人作为知名的社会公众人物是具有一定号召力的，其以消费者的角色在广告中介绍该保健品如何好，如何有益健康，但事实上它并不如广告中吹嘘的那么好，广告其实是利用了名人的明星效应诱使消费者购买效果不好的保健品。与此相类似，还有一种虚假广告盗用公益的名义或政府机关的名义发布商业广告，将纯粹的市场商业性行为和政府行政性行为混淆，误导社会公众进行不正确的判断。例如"喝左旋咖啡，想瘦就瘦"。一句简单的广告词配上何炅亲切的招牌式笑脸，一时间由"何老师推荐代言"的减肥产品风靡网络。虽然何炅再三强调自己与该减肥产品没有任何关系，不过在网络上该产品依然借何炅的"金字招牌"大赚消费者眼球。何炅微博发声怒斥虚假减肥广告，称自己从未代言任何减肥产品，要求虚假广告厂家郑重道歉，并撤下虚假宣传，停止侵权。

广告形式虚假。所谓广告形式虚假是指意图明确的广告采用了非广告的形式，最为典型的就是新闻广告。新闻广告是指广告内容以新闻报道的形式发布，如以消息、通讯稿、人物专访、纪实报道、科普宣传等形式刊播。由于受众很难分辨报道内容是新闻还是广告，因此这种广告从某种程度上说是借助媒体的公信力，强迫受众接受广告信息，存在主观上的欺骗性和误导性。

2. 虚假广告的表现形式

按照上述的分类原则，下文就欺骗性虚假广告和误导性虚假广告进行分类研究。

（1）欺骗性虚假广告

欺骗性虚假广告的特点就是蓄意欺骗，隐瞒真相，其主要表现形式有以下几种。

刻意隐瞒产品或服务的缺陷。这种广告利用产品本身信息与消费者接收信息之间的不对称，用不完全、不完整的广告信息干扰消费者的判断，诱使消费者购买产品。"例如，曾轰动一时的"巨能钙含过氧化氢"事件，"巨能钙"的广告没有在产品成分中标明含有"过氧化氢"，属于刻意隐瞒行为，同时具有违法性，是典型的虚假广告。"①

有意夸大产品或服务的优点和功能。此表现方式多见于洗涤用品广告和药品广告中，如"使用佳洁士双效炫白牙膏，只需一天，牙齿真的白了"（见图4-1），然而，根据上海市工商局的调查，广告画面中突出显示

---

① 陈正辉：《广告伦理学》，复旦大学出版社，2008，第192页。

图 4-1 佳洁士广告

资料来源：百度图片。

的美白效果是后期通过电脑修图软件过度处理生成的，并非牙膏的实际使用效果。这一广告构成虚假广告，已被工商部门依法罚款 603 万元。这种过分夸大产品功能的手法欺骗了消费者的感情，时间久了容易引起消费者对该品牌产品的反感。还有些广告喜欢使用"最佳""最高级""国家级"等用语。广告法规中明确规定，广告中"不得使用最佳、最高级、国家级等用语"。出现"最"字的广告都是带有虚假成分的广告，要遭到严厉禁止。2002 年广东省物价局在禁止价格欺诈的公开信中指出：经营者进行有价格内容的标价宣传时，不得标示无根据或无从比较的"市场最低价""特价"等，否则物价部门将对其进行处罚，最高处罚额可达 20 万元。

未经审批或使用伪造批准文号擅自刊播。国家食品药品监督管理总局公布了一批违法药品广告名单，武汉健民随州药业公司的"张大宁牌回春如意胶囊"、哈尔滨华雨制药公司的"木竭胶囊"、陕西康惠制药公司的"消银颗粒"、吉林特研药业公司的"特研牌脑塞通丸"这几种药品因为发布违法广告超过 70 次被点名。这些违法广告存在的主要问题有两个：广告未经审批擅自刊播，使用伪造批准文号发布广告。

（2）误导性虚假广告

误导性虚假广告不像欺骗性虚假广告那样直接、明显地欺骗消费者，其表现出更强的隐蔽性。误导性虚假广告"误导"消费者的方式主要体现在以下两个方面。

第一，广告内容误导。"广告内容误导是指广告主或广告从业人员有意隐匿商品内容的关键细节，介绍不全面的商品信息，或使用模棱两可、极易产生歧义的语言陈述，使消费者误以为该商品或服务具有同种类其他商品或服务所不具有的优点和特殊功效。"①

其一，文字真实，意义上误导消费者。这是指广告中的内容是真实的，没有虚假的成分，却会让消费者产生误解。这种误解主要体现在广告的制作方式上，如有些广告将关键文字刻意缩小到消费者不易发现的地步，以误导消费者对产品的理解。

其二，玩文字游戏。例如"买一送一"活动，活动本身并不一定存在虚假性，但是厂商与消费者对"买一送一"的理解是不一样的。厂商的"送一"只是送小礼品或某种赠品，但是消费者的理解就是买一台电视机送一台电视机。许多商家正是利用了消费者的这种心理玩文字游戏，打出"买一送一"的口号，诱使消费者购买。如皮衣买一送一活动，买的是一件皮衣，送的是一支皮具防腐软膏，这其实是商家钻空子的一种表现。

其三，隐瞒部分内容。有些广告利用消费者的习惯思维，故意将关键的内容省去，诱导消费者购买。例如，某桂花糕广告，广告打出 8 元，按照消费者的惯性思维肯定是 8 元/斤，可实际情况是 8 元/两。

第二，广告观念误导。交易双方在自利原则的驱动下，利用信息的流动障碍，使得消费者一方获得错误的市场信息，从而产生广告道德失范问题的现象。② 广告主或广告从业人员利用各种途径大肆宣扬某种对己有利的特定思想观念，并使之成为社会普遍认同的"时尚潮流"。在这种蓄意打造的"全新消费理念"的错误引导下，人们纷纷购买该商品或服务。比如盲目地宣传以瘦为美，骨瘦如柴瘦到畸形才是美，来诱使消费者购买减肥产品，造成全社会对身材标准的一种误解。又如一些丰胸广告，请模特在电视机前哭诉，因为自己胸小而失去男朋友或者丈夫另觅新欢，让胸小的女人产生一种恐惧意识，从而购买它所宣传的产品。这种观念的误导，不但损害消费者的经济利益，还是对女性审美的一种歧视和侮辱，女性完

---

① 陈正辉：《广告伦理学》，复旦大学出版社，2008，第 195 页。
② 陈瑞：《近代广告行业自律与政府监管略论》，《贵州社会科学》2016 年第 6 期。

全成为被欣赏的肉体模具，更宣扬了一种极其恶劣的家庭伦理观念，将家庭不和睦的原因归结为女性的先天身体缺陷，为男人寻找外遇提供畸形的"合理"解释，有悖中国的传统伦理道德。

3. 虚假广告产生的原因

虚假广告之所以时有发生，并且屡禁不止，其原因主要有以下几点。

（1）法制层面的缺陷

第一，法律制度不够完善。虽然我国已基本形成了以民事责任、刑事责任、行政责任为主的虚假广告法律责任体制，但从惩治虚假广告的效果来看，尚存在许多不足之处。

第二，执法不严，查处不力。虽然县级以上各级工商行政管理部门都设立了专门的广告监督管理机构，但许多虚假广告仍然无法及时得到查处。另外，对已经产生社会危害性的虚假广告的处理，一般只限于民事赔偿和行政处罚责任范围，未能真正起到遏制和惩治的有效作用，使虚假广告有了生存的空间。

第三，对虚假广告的监督机制还不健全。长期以来，我国对虚假广告的治理只是采用工商行政部门的单一处罚制度，没有建立起系统的监督机制，应加大刑罚的惩治力度，有效遏制虚假广告的蔓延。

（2）经济利益的驱使

广告可以为销售者、生产者带来经济上的利益，在利益的驱使下，一些销售者、生产者置基本的伦理道德于不顾，制作发布大量的虚假欺骗广告。例如，将水掺入酒中，加入几片假人参，就在广告中吹嘘这是一种延年益寿的保健酒；在豆腐上抹上阴沟里的污物就宣传说这是××老字号的臭豆腐；用发了霉的馅做月饼，包装成精装版就成为精品月饼上市。

（3）消费者的自我保护意识不强

不少消费者对虚假宣传广告缺乏判断力，受到虚假宣传信息的诱惑而购买消费品，致使自己的利益受到损害。例如，利用广大群众急于摆脱贫困的心理，许多不法分子乘机提供内容虚假的关于养殖、种植业的致富信息广告，诱使消费者投资。发生在南京的"金珠熊虚假广告案"就是一个例子。该广告是一则养殖广告，称"正宗彩色金珠熊唯我华澳独有，投资升值，70天见效""我部包技术，包回收，养殖户不担任何风险。一年内退还押金 65%，城乡人均能养，繁殖力强，年产 7 ~ 9 胎，每胎 8 ~ 12 只，70 天达到回收标准，每只回收价 60 元，每对种熊起价才 480 元，投资少，见效快，经济效益高，本广告长期有效，面对养殖户大量回收"。广告发布后周边地区很多人购回种熊进行养殖，在第一批回收获取利润后投入更多资金，结果提供种熊的单位在骗取大量订金后便逃之夭夭。

4. 虚假广告的危害

虚假广告是伦理缺失的诸多类型广告中性质最为恶劣、社会危害性最大、最令人深恶痛绝的一类。广告遵循一整套约定俗成的符号系统，即使没有标注"广告"字样，用户也能根据对广告的既有经验，从内容、形式等显性特征上进行分辨。广告的可识别性确保了消费者的知情权，确保了广告信息在广告主、广告发布者和消费者之间的对称、平衡和无误导，保护消费者的权益和其他经营者免受不正当竞争的伤害。[①] 虚假广告背离了自制自律的现代商业文明精神，违反了法律法规的要求，严重影响人们的生产和生活。虚假广告的危害主要表现在以下几个方面。首先，虚假广告损害了消费者的利益，不仅给消费者造成经济损失，严重的还可能对消费者的健康和生命造成危害。其次，虚假广告扰乱了正常的市场秩序，在虚假广告宣传的产品与真实广告宣传的产品的竞争中，后者反而败下阵来，造成"劣币驱逐良币"的逆向选择，从而扰乱了正常的社会市场秩序。再次，虚假广告使得社会对广告产生信任危机，消费者对广告产生不信任感，对商家的宣传缺乏信任，从而消解和谐社会的诚信指数。最后，虚假广告的产生会导致广告的公信力不断下降，损害整个广告行业的健康有序发展。

（二）新闻广告

新闻广告是一种软广告，是广告对新闻的介入，新闻广告不仅弱化了媒体的社会功能，而且由于其表现形式具有很大的欺骗性，所以比普通的广告更容易误导消费者。

1. 新闻与广告的区别

广告与新闻可以说是一种相互依存的关系。广告和新闻的产生与发展

---

① 戴世富、赵思宇：《隐性与隐私：原生广告的伦理反思》，《当代传播》2016 年第 4 期。

都是缘于科技的进步，两者都有各自的特性，在发展的过程中不断地发挥自身的优势，共同促进。不难看出，广告和新闻都是为了向大众传播信息，只是新闻强调的是事实性与客观性，新闻的发展也是建立在这个基础之上的，而广告传递的信息则是以广告主为中心进行的自我宣传，目的是获得更多的利润。新闻与广告最大的区别就在于新闻是一种无偿的信息传播，而广告是一种有偿的信息传播。新闻广告，是指新闻单位以新闻采编、新闻报道的名义经营与发布广告，收取广告费或进行有偿新闻的行为。新闻和广告的区别主要表现在以下几个方面。

（1）时效性的区别

新闻是对新近发生、发现或变动着的事实的客观报道；广告是一种市场经济行为，是广告主为推销商品或服务而对社会公众进行劝说。新闻具有时效性，一般只刊播一次，重要的新闻也只能在一两天内出现几次；而广告则不受时间的限制。

（2）发布选择权的区别

新闻的发布选择权在于新闻单位，广告的发布选择权在于广告主或广告经营者。

（3）费用流向的区别

新闻是无偿的，发布新闻不收取费用；广告是有偿的，由广告主或广告经营者向广告发布者支付费用。新闻单位以新闻报道的形式介绍企业、产品、服务等都不得收取费用，否则便被认定违法。

同时，新闻与广告之间也存在本质的区别，以新闻广告与新闻报道之间的差异为例说明。首先，新闻报道以最新发生的有意义的事实为基础，可以是正面报道，也可以是负面报道，而新闻广告以企业或商品的资料、数据等为主要传播内容，以正面报道为主。其次，新闻报道是站在客观的角度来发布信息，代表的是公众的利益，带有公益性，而新闻广告主要是站在主观的立场，代表的是商家或企业的利益，完全是出于追求商业利润的考虑。最后，新闻报道是无偿的宣传活动，不必支付媒介的版面使用费，而新闻广告是有偿的广告宣传活动。

2. 新闻广告释义

大众传媒虽然不像立法、司法、行政那样拥有实质性权力，但其拥有的权力虽无形却非常巨大。在这个意义上讲，"新闻广告的实质，是权钱交易，是腐败现象在新闻领域的延伸和具体表现形式。"①

（1）新闻广告的定义

关于新闻广告，目前还没有明确的定义。《中国新闻实用大辞典》中有这样的论述："国内外的一些报刊以新闻形式，将商业广告性内容发表在广告版上，按广告收费，或注明为广告按广告收费的大块文（即买版面），应视为广告。"这段论述包含以下几个信息：一是新闻广告是以新闻的形式发布的；二是新闻广告的发布地点是广告版面、时段或类似广告版面、时段的媒介；三是新闻广告是不同于新闻的公益性的，要按照广告的标准收费；四是新闻广告主要是指商业性广告，这里的"广告"特指狭义上的商业广告。例如《南方周末》第 1108 期 B11 版刊登的一篇介绍"科龙电器"的文章，标题为《科龙销售收入持续增长，核心竞争优势不断加强》，文章的主要内容围绕科龙电器展开，宣扬企业的业绩，目的是提升企业在消费者心目中的好感度，继续提高产品的销售量，这是一则典型的新闻广告。

由此我们对"新闻广告"做如下定义：新闻广告即广告主为了实现某种特定的推销产品或服务的目的，以新闻的形式借助媒介向公众进行的有偿的信息传播活动。

（2）新闻广告的性质

新闻广告的本质是广告，是一种形式特殊的广告，通常以新闻报道的方式阐述广告的内容，它是软广告的一种。广告界向来有广告的"软硬"之说。所谓硬广告，就是那些刊登或刊播在大众媒体上的宣传产品或服务形象、功能的纯广告，如电视广告和报纸平面广告。剩下的那些形态比较隐讳，不能一眼就看出来是广告的，统称为"软广告"。新闻性广告是在大众媒体（电视、报纸、杂志等）上刊登的新闻采访性、纪实性、介绍性的文章，它与一般性的新闻采访、纪实或介绍文章的不同点在于，这是由被采访公司或个人通过支付媒体费用而产生的一种特殊广告形式，或者

---

① 邓名瑛：《传播与伦理——大众传播中的伦理问题研究》，湖南师范大学出版社，2007，第 47 页。

说，这样的报道是由被采访者或被介绍的公司或个人支付媒体费用而产生的一种隐形广告。隐蔽性是软广告的主要特点。因此新闻广告是软广告的一种。如某日《羊城晚报》B6 广告版下半部有一篇用大字标题刊出的《黑头发再飘起来》的文章，以"一个生活中的真实故事"为副标题，并以雨果语录作引题，乍一看是通讯的样式，细看内容却是"中华灵芝宝"的广告。

软广告的另外一种形式是隐形广告，隐形广告又叫产品安插广告（placement），是影视广告的新宠，在电视节目或电影中，广告主通过付费的方式，把其品牌或产品安插在故事情节中，从而向观众传递广告信息。隐形广告是一种强制性的信息传播活动，在潜移默化中影响消费者的观念。而类似电视广告一类的"硬广告"，除了收看的选择权掌握在受众手中外，受众高度的戒备心也使其传播效果大打折扣。

新闻广告作为软广告，从广告主的角度来看具有以下优点。

第一，广告成本低。软广告的广告费用要比硬广告少得多。以一般都市报 A 版的广告费用为例，新闻广告按字数计费，大约 7 元/字，而平面广告按版面大小收费，半版的新闻广告大约 2 万元，黑白的半版平面广告要 4 万元左右，彩版的费用更高。

第二，广告效果好。硬广告的同质化现象严重，相同的广告明星，相似的广告剧情，使硬广告的宣传效果日益降低。新闻广告相比而言是一种创新的广告样式，能够带来视觉上的震撼，抓住受众的注意力。同时，新闻广告的广告主体模糊，商业味较淡，受众比较容易接受。同时以新闻报道的形式发布产品信息，可提高受众对所发布的广告信息的信任度，使受众在不知不觉中像接受新闻一样接受广告信息。这对广告商来说是一大福音。

3. 新闻广告的表现形式

自传播活动诞生以来，广告与新闻之间就有十分密切的关系。两者同属信息传播活动，对大众传播工具具有一定的依赖性；两者都必须遵循真实性原则，真实性是新闻的生命，广告同样要求传播真实的信息。

新闻广告是新闻介入广告创作后的一种异化的形态，是广告主为了获取最大的商业利润，由广告创意人员创造的一种新的广告形式。用新闻形式发布的广告与有偿新闻还是有区别的。

首先，所谓有偿新闻，又叫广告性新闻，是指在新闻报道中加入广告的要素，它本质上是新闻而非广告，因此它必须具备新闻的几个基本要素，如报道的内容必须是具有新闻价值的。

其次，广告性新闻（有偿新闻）是广告主与媒体从业人员货币交换的结果。媒体记者或编辑为了追求商业利益，出卖新闻的报道权给广告商，它是媒体从业人员职业道德操守缺失的一种表现。

再次，广告性新闻是广告商与媒体从业人员私下交易的结果，是暗地里的付费行为，钱通常进了记者或编辑的私人腰包，属于违法行为。而新闻广告是广告商公开购买媒体的广告版面和时段，付费方式是合法的。

新闻广告中，新闻介入广告创作主要有以下几类表现。

其一，以典型报道的形式介绍企业的业绩或企业负责人的风采、管理经验等，这类文章通常篇幅较长。例如，某些企业家风采栏目、优秀企业家访谈等。

其二，以说明性报道的形式介绍产品或服务的功能。这类新闻广告通常采用吸引人的新闻标题引起受众注意。

其三，以通讯的形式报道消费者使用产品或服务的情况，通常采用某个真实的故事来正面报道某某产品的功用如何好，帮助消费者解决了大难题。

其四，以消息的形式发布企业的新品开发、新品上市或企业某项公益活动的信息。

中国明令禁止发布新闻广告，新闻广告具有误导性，是虚假广告变形后的一种方式，是最具有迷惑性、最有欺骗性的一种误导广告表现形式。由于新闻广告是新闻媒体以第三方的立场客观发布的，给消费者带来一种权威的感觉，其广告内容本身不一定是虚假的，但是这种用新闻的方式来刊播广告的行为本身就是对消费者的一种欺骗。所以新闻广告的危害也是巨大的。

4. 新闻广告的危害

《广告法》第十三条规定："大众传播媒介不得以新闻报道的形式发布广告。通过大众传播媒介发布的广告应当有广告标记，与其他非广告信息相区别，不得使消费者产生误解。"新闻广告的广告刊播版面或时段是合法的，其违法性主要表现在广告的表现形式上，其新闻报道的形式容易对受众造成误导，让受众分不清是新闻还是广告。这是一种欺骗行为，违反了《广告法》的第三条"广告应当真实、合法，符合社会主义精神文明建设的要求"以及第四条"广告不得含有虚假的内容，不得欺骗和误导消费者"。从社会效益角度来看，新闻广告具有以下危害。

（1）弱化了媒体的社会功能

新闻媒体具有舆论监督、宣传教育、提供娱乐等一系列社会功能，新闻媒体代表的是公众的利益，信息发布是公众性的信息传播活动，新闻广告代表的是广告商的利益，是私人性质的商业宣传行为，是企业、商家主动为自己作的正面宣传，很难超越"在商言商"的立场。新闻广告的大量存在，干扰了媒介在舆论引导中的影响力。尽管新闻广告的采写者是广告创作人员而非报社记者或编辑，但是新闻形式的广告还是减弱了受众对新闻的信任。在受众心目中，新闻似乎变味了，不再像过去那样完全是站在受众的立场从事实的真相出发，而是从广告商的利益和需求出发，使新闻媒介由联结传播者与受众的公正中介变成广告主的传声筒、代言人，由注重社会利益变成代表广告主一方的利益，模糊了新闻与广告的界限，弱化了新闻媒体的社会守望功能，从而导致受众对新闻的信任危机。例如，南京某报纸以广告性新闻的形式刊登了一则介绍江苏苏果超市的文章，里面有一句话为"苏果无假货，件件请放心"。结果，当地一位消费者在该超市数个门店都买到了"三无"产品。这位消费者最终向法院起诉，状告该超市和刊登广告的报纸。该报纸被告后很不舒服，不久后又写了数篇报道，声称其（消费者）"打假是为了找老婆"等。于是，消费者又三次将该报告上法庭，诉其侵犯名誉权。一时之间，该报在市民心目中的形象大打折扣。

（2）新闻广告的内容失实，欺骗性比普通广告更大

由于受众信任新闻媒介的新闻报道，通常情况下，也会间接地信任以新闻报道形式发布的广告。如果报道的广告信息不真实，那么对受众产生的欺骗性要比普通广告大得多，消费者受到的伤害也会更大。例如，辽宁某报以较大篇幅报道了《××课后练习解答提示使用纪实》一文，

声称该书在全国销量第一。众多家长、学生看了报纸的报道后纷纷去买此书，结果发现内容并没有报上所说的那么全面，而且所谓的全国销量第一其实只是在出版该书的省里销量还可以。书中有些内容只对出版该书的本省学生有用，其他省份的教学大纲对此不作要求。一些家长大呼上当。

5. 新闻职业的伦理规范

1993 年，中宣部、新闻出版总署联合发出了《关于加强新闻队伍职业道德建设，禁止"有偿新闻"的通知》，强调根据中共中央办公厅、国务院办公厅《关于严禁党政机关及其工作人员在公务活动中接受和赠送礼金、有价证券的通知》精神，新闻单位和新闻工作者不得接受被采访者或被报道者以任何名义向新闻单位和新闻工作者赠送礼金和有价证券……新闻与广告必须严格分开，不得以新闻报道的形式为被报道单位做广告。凡是属于新闻报道的内容，新闻单位不得向被报道者收取任何费用；凡收取费用而刊登或刊播的，应标明为"广告"。新闻报道与经营活动也必须严格分开。记者、编辑不得从事广告业务，从中牟利。①杜绝新闻广告不仅仅是广告主、广告经营单位的责任，更是新闻媒体推托不了的责任。因此，加强新闻职业伦理规范建设势在必行，强化新闻职业道德规范，不但能够还新闻一个真实纯净的空间，而且对广告市场有净化作用。因此，杜绝新闻广告完全可以实现新闻媒体和广告市场的双赢。

（三）比较广告

百事可乐有一则著名的广告，一个小男孩在自动售货机上买可乐，因为个子矮够不到高处的百事可乐，于是把一瓶可口可乐踩在脚下，拿到百事可乐（见图 4 - 2）。百事可乐为了突出它"年青一代的选择"的定位，特意在广告中将其与可口可乐进行对比，是一则典型的比较广告。比较广告运用得当可以有效地击败竞争对手，从而在市场上取胜，但是比较广告如同"打擦边球"一般，稍有不慎，就变成了触网球，不但构成不正当竞

---

① 蓝鸿文：《新闻伦理学简明教程》，中国人民大学出版社，2001。

争，还会造成侵权现象，严重的甚至会导致整个社会的不和谐，或者破坏民族感情。

图 4-2　百事可乐广告

资料来源：视频截图。

1. 比较广告的界定与特点

比较广告这一概念最早来自美国。美国斯特林·格特切尔广告公司在为新打入市场的克里斯勒汽车制作广告时，曾以"试试这三种汽车"为题，将克里斯勒汽车与大众汽车、福特汽车作了一番比较，首获成功。[①]此后，比较广告在许多国家和地区"大行其道"，这一广告形式成为众多广告主和广告公司用以抢占市场、打击竞争对手的有效手段之一。随着经济的发展，比较广告作为一种另类的商业广告，也进入了我国的广告市场。

我国的《广告法》和《反不正当竞争法》对比较广告未做正面的规定，只是对禁止的情况作出规定。《广告法》第十二条规定："广告不得贬低其他商品经营者的商品和服务。"从上述规定可以看出，我国法律允许正当的比较广告，但对贬低他人以及虚假、引入误解的比较广告持禁止态度。从广告的司法实践看，一般认为我国是不允许在广告中"指名道姓"地与竞争对手的商品或服务进行比较的。[②]

---

① 孙祥俊：《反不正当竞争法的适用与完善》，法律出版社，1998，第 316 页。
② 李德成：《广告业前沿问题法律策略》，中国方正出版社，2005，第 6 页。

比较广告的出现是现代商品竞争日趋激烈的结果，也是广告业发展日趋成熟的一个表现。运用比较广告进行直接攻击或竞争性营销，是目前许多企业采用的广告策略手段，比较广告常见的比较方法有如下几种。

（1）自己的产品前后进行比较

自我比较就是自己跟自己比较，突出自己的领先地位，在先人一步的情况下把其他竞争对手可能与自己的产品发生比较的地方，展示给目标受众，从而达到领导市场潮流的目的。中国移动"关键时刻，信赖全球通"的广告引起了不少业内人士的注意，许多人表示，这则广告将中国移动的独特优势表现得淋漓尽致，既是自身比较，又是针对联通的间接比较。又如新盖中盖高钙片的广告，"一片顶过去五片，服用方便还实惠"，也属于比较广告。

（2）与同类产品进行比较

通过与同类产品的比较，显示自己产品的优势。这里的同类产品可以是声誉在自己之上的产品，通过比较以提升自己的地位，类似利用名人进行炒作的做法。如著名的美国艾维斯出租汽车公司的广告，提出了"我们是第二，但我们更加努力"的口号，与声誉和业务量都在自己之上的赫兹公司进行比较，谦虚地承认自己弱于对手，却无形中抬高了自己的身价和地位，赢得了出色的广告效果（见图4-3）。又如麦当劳在地广人稀的法国小镇布里乌德的公路旁竖起了两块户外广告指示牌。汉堡王的指示牌与麦当劳的相比简直高耸入云，要吃到汉堡王，你还要向右向左，过个十字路，走个258公里才能到，广告牌详细标明了如何转向（见图4-4）。言下之意，汉堡王远着呢。汉堡王立即给出回击，视频中出现了一对驾车夫妻，看到广告指示牌后，停在麦当劳服务点旁边，然而，两人只要了一杯咖啡，接着，两人在汉堡王大快朵颐，心满意足地说着"也没那么远嘛"。在视频后面加了这样一段话："在你说谎以后，只需要再行驶253公里。"这一回击让麦当劳变成了中途补给的驿站，人们的最终目的地还是汉堡王。

（3）与不同类产品进行比较

这种比较方法在比较广告中运用得不多。早期的可口可乐广告用过，是将可口可乐与其他非可乐饮料进行比较，突出可口可乐的特性。

图 4 – 3　艾维斯广告

资料来源：百度图片。

图 4 – 4　麦当劳广告

资料来源：百度图片。

2. 不正当比较广告的表现形式

比较广告是一把双刃剑，是一种有效的广告形式，对广告商来说具有巨大的魅力，但同时又是一条高压线，碰到电流容易毙命。我们重点讨论的是比较广告中的不正当广告，即那些恶意贬低他人，用不正当的手段进行对比，从而抬高自己，给消费者或是竞争者带来利益损失的触犯法律或者违背伦理道德的广告。

（1）贬低别人，抬高自己

把自己的产品与同类产品进行比较，达到贬低别人抬高自己的目的。这在违法比较广告中非常普遍。经常见到的形式是"××牌产品，是最好的"，或者"我用过的××产品中，还是××牌好"，在抬高某产品的同时，打击了一大批同类产品。

由于我国明令禁止"指名道姓"的比较广告，所以有些企业就"打擦边球"，将自己的竞争对手暗含在广告语中，一语双关。如"统一"方便面为与竞争对手"康师傅"竞争，发布广告："师傅，师傅，连师傅也自叹不如。"又如苹果公司在其官网上开专栏，从各方面矮化对手，抬高自己，怂恿 Android 用户投奔 iPhone 广告（见图 4 - 5）。这一系列广告的背景延续了 iOS 的极简风格，和"Switch to iPhone"页面一样，采用了低饱和度的柔和色彩，并把画面分成两部分来对比 iPhone 和"your phone"，"your phone"的背景是清一色的灰色。尽管广告没挑明"your phone"是什么手机，但 iOS 和 Android 作为目前智能手机操作系统的两大阵营，这则广告毫无疑问指向了 Android 手机。这些广告虽然不是违法广告，但是争议很大，往往站在悬崖边上，处境危险。

（2）恶意贬低竞争对手

在广告中，对某品牌进行指名道姓的攻击，指出它的缺点，同时表明自己的产品不存在这样的缺点。此类"贬低"通常是毫无事实根据的恶意中伤，有时甚至是故意捏造虚假信息以达到打击竞争对手的目的。例如，小米公司微博发表了题为《小米电视 2S PK 国际品牌：画质领先》的帖子，展示了一张小米电视 2S 与索尼、夏普、三星电视机的对比图，其中有一张关于背光的对比，用于展示小米"自主研发的背光模块"效果惊人，而夏普、索尼惨不忍睹，三星算是保住了一些颜面。对

图 4 - 5　苹果公司广告

资料来源：苹果官网专栏。

比方法似乎也很科学公正，所有电视机采用相同的相机参数拍摄，意味着完全一样的曝光量，也意味着结果是可信的。但这骗不了我们，这 4 款电视机并没有设置成相同的屏幕亮度，可以通过屏幕上白字曝光的差别判断得出，小米的屏幕亮度被设置为最低，夏普、索尼调到了很亮的程度，三星比较幸运，比小米稍微亮一些，这样可以得到有起有落的成绩对比，显得合理（见图 4 - 6）。相机的拍摄则基于小米设置，也就是说，这对其他三家来说都不是合理的拍摄参数。这就属于恶意贬低竞争对手。

（3）利用攻击性强的不明显的比较，造成消费者的误解

这种比较广告表面上看没有针对具体的竞争对手进行贬低，却给消费者一种错误的感觉，认为广告宣传的产品要比其他同类产品好，从而导致虚假宣传。智慧名堂公司在其筹办开张营业的百脑汇资讯广场的招商广告宣传活动中，在穿行于中关村地区的三趟公交汽车 320 路、332 路、302 路车体上悬挂广告牌，内容为"现在买电脑，马上后悔"，"NOVA 百脑汇资讯广场 5 月惊喜价"。这一则广告宣传引起了中关村众多电脑商家的强烈反应，指控其为不正当竞争行为。被告苦心策划广告词的初衷是让消费者进行横向比较，吸引消费者去"百脑汇"买电脑而不是对电脑行情进行纵向比较。受理该案的法院认为，被告使用与客观事实相悖的虚假广告用语，无中生有地向消费者宣传，从而使原、被告共同的特定消费群在购买

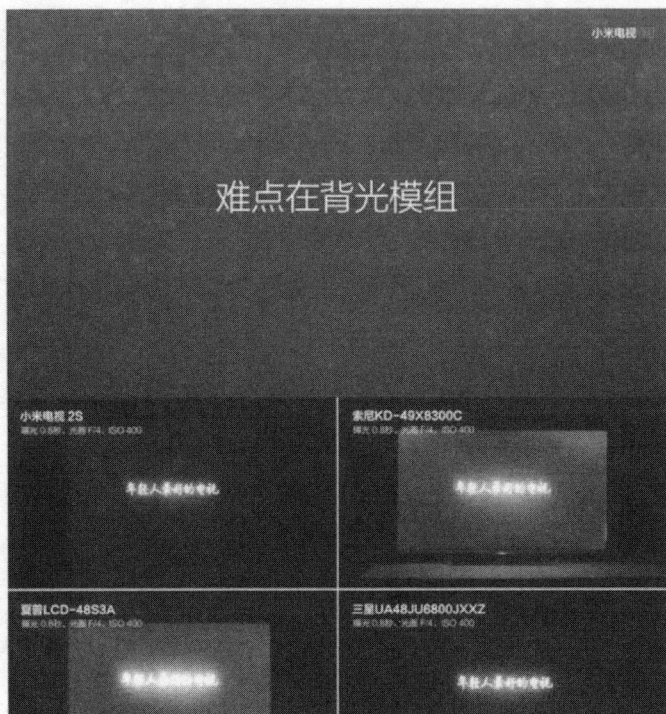

图 4-6 小米电视广告

资料来源：微博图片。

决策上产生困惑，甚至产生对非被告商品与服务的排斥心理，对原告的正当经营造成了侵害，构成了不正当竞争。①

3. 不正当比较广告的危害

不正当比较广告带来的社会危害显而易见：危害善良诚信的社会风气，也使企业不得不投入更多的广告费用，增加了商品成本，易对消费者产生误导。

首先，不正当比较广告会损害竞争者的商业信誉和商业名誉，还会削减竞争者的经济利益和社会效益，给竞争者带来巨大损失。

其次，不正当比较广告会直接导致不正当竞争，造成侵权现象。不正当比较广告危害公平竞争的市场秩序，阻碍技术进步和社会生产力的发展，损害其他经营者的正常经营和合法权益，使守法经营者蒙受物质上和

---

① 李德成：《广告业前沿问题法律策略》，中国方正出版社，2005。

精神上的双重损失。有些不正当竞争行为，还可能损害广大消费者的合法权益。另外，不正当竞争行为还有可能给我国的对外开放政策带来消极影响，严重损害国家利益。

再次，不正当比较广告还会破坏社会和谐度，破坏民族感情。因为不正当的比较广告多带有攻击性。

4. 不正当比较广告的防范措施

那些恶意贬低他人、抬高自己的不正当比较广告的伦理缺失的防范措施应主要注意以下三点。

（1）要明确法律对比较广告的规定，严防违法广告的产生

特殊商品不得做比较广告。《广告法》第十四条规定，药品、医疗器械广告不得有"与其他药品、医疗器械的功效和安全性比较"的内容。由此，不能做比较广告的特殊商品包括如下一些。

第一，药品、医疗器械。

第二，《广告法》明令禁止发布广告的药品，主要为麻醉药品、精神药品、毒性药品、放射性药品等。

（2）遵守比较广告的原则

比较广告的一般原则也就是广告的基本原则，即公平、真实和不妨碍竞争。除此之外，还应该符合以下规范。

其一，广告所涉及的产品应当是相同的产品或可类比的产品，比较之处应该具有可比性。我国的《广告审查标准（试行）》第34条规定："比较广告的内容，应当是相同的产品或可类比的产品，比较之处应当具有可比性。"[①] 比较广告的比较者与被比较者必须是同行业的商品经营者或服务提供者，比较的对象必须是同一竞争领域内的相同或相似的商品或者服务，即比较之处具有可比性。

其二，对一般同类产品或服务进行间接比较的广告，必须有科学的依据和证明。比较的论点应建立在可证实的基础上，能够取得研究和统计的证明和支持。《广告审查标准（试行）》第32条、第33条规定："一般性同类商品或者服务进行比较的广告，必须有科学的依据和说明"，"比较广

---

① 陈正辉：《广告伦理学》，复旦大学出版社，2008，第192页。

告使用的数据或调查结果，必须有依据，并应提供国家专门检测机构的证明"，"在介绍文字和图片中不得诋毁竞争者"。①

其三，广告不得贬低其他生产经营者的商品或者服务。广告不得恶意贬低竞争对手，不能诋毁竞争对手的商品信誉，不能有悖公平公正的竞争原则。

其四，不得使用"最高级、国家级、最佳"等用语。

（3）要不断加强行业监管和自律，对比较广告进行正当的创作和发布

由于在推销自己的商品或服务的时候，有其他竞争对手作为参照，能给消费者提供更多的信息，帮助他们迅速作出选择，所以，比较广告越来越受到业内人士的青睐。在频频越轨的比较广告面前，广告人和经营者更要加强道德意识和法律意识，广告行业要加大监督和自律力度，规避不正当竞争，防止突破比较广告底线的情况出现。

（四）情色广告

马克思在谈到人类两性关系时，深刻地批判了那种视女性为玩物的陈腐思想。他说："把妇女当做共同淫欲的虏获物和婢女来对待，这表现了人在对待自身方面的无限的退化，因为这种关系的秘密在男人对妇女的关系上，以及在对直接的、自然的类关系的理解方式上，都毫不含糊地、确凿无疑地、明显地、露骨地表现出来。"②

1. 情色广告的界定

情色广告为了抓住人们的眼球而采用恶俗、赤裸、令人作呕的性诉求的表现形式，给社会特别是青少年带来了不良的影响。

（1）钢索上玩太极——情和色之间的摇摆舞

色情与情色并没有标准的定义，因为各国历史文化背景的差异，对色情与情色的理解也有所不同。从字面上理解：色情，重色；情色，则重情。色情是赤裸裸的生理需要与生理活动；情色是暧昧的挑逗。情色和色情之差只有一步，色的比例多些，就是色情，情的成分多些，就是

---

① 陈正辉：《广告伦理学》，复旦大学出版社，2008，第192页。

② 《马克思恩格斯文集》第1卷，人民出版社，2009，第184页。

情色。在情与色的边缘游走，就像是在钢索上跳摇摆舞，摇摇晃晃，左右不定。

色情广告一定和赤裸裸的肉欲有关，所以色情广告是违规广告、不法广告，在中国必然会受到有关部门的严格禁止和处罚。情色中有较多的性内容，虽然不一定正面展示或裸露，但会用一些暧昧的画面或语句，还是能让受众有所冲动甚至血脉偾张的。所以情色广告很难界定，有时稍有越界就是色情广告，有时虽然不能定性为色情广告，但也让人面红耳赤，非常不舒服。

（2）情色广告的界定

为情色广告做界定是在特定的中国传统的文化背景下、在特定的环境下做界定，在某些西方国家，也许这些广告是被允许的，但在中国，在特定的情况下，我们所谈的情色广告是指那些含性暗示、庸俗低级、亵渎社会、给大部分受众带来不愉快体验的广告。这类广告"性"的意味浓重，让人作出不健康的联想，违反了一个民族的文化和伦理道德标准，往往受到社会的广泛争议而在各大广告媒体遭到禁播。例如，原定在央视刊播的安在旭的一则手机广告，画面上穿着黑色旗袍的女主角——安在旭的手所到之处，其旗袍的衣缝就自动展开，是否有了该款手机人就可以有如此的超能力了呢？央视以该广告含有"性"暗示而拒绝播出。

2. 情色广告的表现形式

情色广告的伦理失范主要表现在以下几个方面。

（1）暴露女性的形体

网上的一则消息表明，"上海的广告总违法率达到4.92%"，其中，"不适当地利用女性形象进行广告宣传达到近10%"。也就是说情色广告大约占违法广告总量的十分之一。报纸上的情色广告主要是医疗美容广告与提供聊天服务的短信公司、声讯台的广告。这些广告以暴露女性的身体来吸引读者眼球，甚至经常出现各类与服务内容无关的、形态暧昧引人遐想的女性形体。如某通信企业的一则平面广告，画面上是一个身着低胸装的女模特，旁边配上广告词"低得让你心动"，广告想表达的是"惠灵通"0.11元/分钟通话费用的便宜，却利用了女性的胸部做文章，低级庸俗。根据广告法，这类广告涉嫌"色情"，属于违法广告。

（2）广告画面赤裸

性活动是人类最隐秘的活动之一，没有一个正常人愿意把自己的性活动展示在大庭广众之下。从这一点出发，当广告涉及人们的性心理、性活动时，应采用委婉的表达方式。[①]

第一，描述生殖细胞。此类情色广告的创意是利用精子追逐卵子的生理关系，来表现产品的巨大吸引力。如有一则啤酒广告，啤酒瓶盖代表卵子，各种精子状的启子争先恐后地涌上前，足见该啤酒受欢迎的程度。另一则奥迪车的广告采用了类似的创意手法，将奥迪车幻化成卵子，所到之处吸引了众多精子，以显示其受欢迎程度。

第二，直接或者间接地描述性行为。Puma（彪马）的一则广告，除了吸引眼球，让人直接联想到男女之间的性行为，让观者面红耳赤。但是广告的诉求和产品本身有什么关系？实在是让人无法理解。

第三，广告词暧昧。

"想知道亲嘴的味道吗？"（清嘴含片）

"左右策划把你搞大。"（左右策划）

"上我一次，终生难忘。"（蝶网）

"你有二房吗？"（房屋租赁）

"泡的就是你。"（福满多方便面）

"好色之涂——料。"（涂料广告）

这些广告语都带有暧昧的倾向，容易让人往庸俗的男女关系上联想。这些广告一般都是玩文字游戏，用一些暧昧的词句起到"一语双关"的作用，会引发人们不良的联想。以上这些词如果不在后面标注广告语和广告产品的类别，大家可能会认为这是一些色情书刊里面的语言摘录。

3. 情色广告的危害

"情色广告存在伦理问题，显然不利于广告业的健康发展，也与社会主义精神文明的要求背道而驰，它宣扬早已过时的陈腐观念，与时代精神格格不入，败坏社会风气，助长不健康的社会心理。"[②]

---

① 邓名瑛：《传播与伦理——大众传播中的伦理问题研究》，湖南师范大学出版社，2007。

② 邓名瑛：《传播与伦理——大众传播中的伦理问题研究》，湖南师范大学出版社，2007，第 88 页。

（1）影响青少年的心理健康

青少年处在敏感的生理发育期，对性充满好奇，太多带有情色画面的广告容易对其心理发展产生不健康的影响。美国著名歌星小甜甜布兰妮为Corious香水拍摄了一则30秒的电视广告，广告中充满布兰妮与一男模的欢爱情景，画面暧昧，两人纠缠的肢体充满了性暗示。英国电视业监察机构认为该则广告情色成分太多，会影响青少年的心理健康，遂勒令禁止其在晚间七点半前的电视节目中播放。

（2）造成对女性形象的歧视

大多数情色广告通过暴露女性的身体来吸引受众的注意力，这对女性来说是一种性别歧视。广告中更常见的现象是女性不再是完整的个体，而是被故意切割成一个个"零件"——秀腿、纤指、白肤……几乎女人身上的每一寸肌肤都被广告有意放大。女性完全处于一种被"看"的地位，为了满足男性的窥视欲。首都女新闻工作者协会曾发布关于广告中性别倾向的监测报告，步步高电子词典、福临门天然谷物调和油、力士沐浴用品、立白集团肤歌沐浴露、马爹利酒、太太美容口服液等产品广告被列为"十大性别歧视广告"，其主要问题包括以女性作招徕、女性是性对象、歪曲女性的贡献等。

（3）导致大众审美情趣低俗化

大众传媒决定和影响着整个社会的价值取向和社会风气，大众媒体传播的内容能够对受众起到潜移默化的"同化"作用。如果大众媒体存在大量的情色广告，整个媒体的环境和社会环境将污浊不堪，时间一久，当这种污浊不堪的社会环境慢慢被大众接受时，整个社会的审美情趣就会变得低级、庸俗，往低级趣味化方向发展。那时情色广告将不再情色，人们会视其为自然，那将是一件很可怕的事情。

（4）引起大众对广告的反感

目前，情色广告还处于一种不被社会大众接受的地位，广告法也对其进行了禁止。如果广告中继续大量出现情色的画面和情节，那将引起大众对广告的反感。也许哪天就会爆发全民抵制"情色广告"的运动，就像美国新闻史上曾经发生的全民抵制"黄色新闻"的运动一样，到那时，广告在大众心目中的好感将荡然无存。

4. 防范情色广告的两点建议

"对于广告人来说，在遵守广告法律的同时，把握不同文化背景，坚持用伦理道德来约束广告中的'3B'元素运用，是促进中国广告业健康发展的必由之路。"①

（1）把握好不同文化背景对"性"的开放尺度

在伊斯兰国家，女性出门是要戴面纱的，用衣着暴露的美女做模特自然会被视为不道德，是会遭到禁止和处罚的。在西方国家，全裸美女画面在广告中几乎随处可见。在中国，关于"性"的问题没有西方那么开放。要使情色广告不违反中国的伦理道德，关键就是要把握好广告中"性"的尺度。如奔驰的那款八个安全气囊广告，用女性的柔软乳房表现奔驰车的安全气囊，在四周有八个安全气囊保护的情况下，相信遇到再大的撞击都能化险为夷。这则平面广告在西方国家是一则创意优秀的广告作品，可是在中国，由于人们对"性"还比较保守，该广告就被定义成一则"情色广告"。所以了解中国的文化和伦理背景，有助于我们对"性"的开放尺度的把握。

（2）合理运用"3B"法则

广告"3B"黄金创意法则中，"3B"分别为婴儿（baby）、美女（beauty）和动物（beast）。美女形象一直是主要的创意方法，如何使美女广告不违反社会伦理道德，成为色情广告，是广告从业人员需要深入研究的问题。如何将美女的广告创意与产品有效融合，而不单单是赤裸裸地暴露女性的身体，如何从美女出发，产生巧妙的创意，而不只是哗众取宠的性暗示，都是需要创意人员认真思考和反省的问题。

（五）其他广告

"在商业社会中，广告传播是大量而又经常发生的现象"②，恶俗广告、儿童广告、名人代言广告、污辱性广告等同样存在种种伦理缺失问题。

---

① 邓名瑛：《传播与伦理——大众传播中的伦理问题研究》，湖南师范大学出版社，2007，第47页。
② 邓名瑛：《传播与伦理——大众传播中的伦理问题研究》，湖南师范大学出版社，2007，第69页。

1. 恶俗广告

所谓恶俗广告是指那些看了让人觉得恶心、俗气的广告，跟色情搭点边又够不上色情，故意制造充满低级趣味的噱头的广告。例如《精品购物指南》中的一则宣传广告，打出的广告语是"你生活腻味了吗"，可是却把"生"和"味"用添加符号放在外面，并且是字号很小的手写体，稍不注意就会看成"你活腻了吗"，这是在故意制造吸引眼球的噱头。

林林总总的恶俗广告包围着我们，甚至误导了我们的价值观，造成不良的影响。对于这些低劣庸俗的广告玩的一些噱头，有些人还美其名曰"创新"，其实这只能暴露创作出这些广告内容的人和商家自身的浮躁和急功近利的心理，以及文化、道德素质的低下。

恶俗广告不断出现的原因有以下两点。

（1）过分追求眼球注意力

广告的首要目的是吸引受众的注意力，为了达到这个目的，广告刻意用煽情的字眼和容易引起歧义的话语、恶心的对话制造低俗、庸俗、媚俗、滥俗的效果。"我就是俗，我能吸引眼球，你能拿我怎么样？"这种街头小混混的赖皮做法大行其道。例如，某对明星夫妇为某女性用品代言的广告，夫妻俩对着镜头大声说"洗洗更健康"，俗到了极点。

（2）迎合大众的低级趣味

随着生活节奏的加快，人们所面临的压力越来越大。俗文化和俗广告就在这种背景下滋生、泛滥起来。看一些简单粗俗的节目甚至成为某些人释放压力的一种途径。但是，大众对俗文化的接受程度也是有限度的，如何准确掌握广告中"俗"的度非常重要。适度的"俗"容易被大众记住，但是"俗"过头了，就会引起大众的反感。这要求广告创意人员深入研究大众心理，巧妙地驾驭俗文化的广告。

2. 儿童广告

利用儿童形象做广告，可以起到特殊的作用。

（1）儿童广告存在的问题

儿童广告可以引起儿童观众的注意，引起儿童观众的兴趣，达到推销商品的目的。一个儿童在电视屏幕中津津有味地吃着一种食品，甚至有的还说着或唱着赞扬的话语，这对于一些小观众当然是一种诱惑，小观众会去买那种食品或者要求父母去买。有一种说法，儿童有六个钱袋——父母、祖父母、外祖父母，其虽然没有实际的购买能力，却能影响两代人的购买决策。赚足这六个口袋的钱成为厂家的最大愿望，在巨大的经济利益驱使下，如今的儿童广告存在的问题也越来越多，令人忧心。概括来讲，儿童广告存在的问题主要包括以下几个方面。

第一，误导消费行为。有些儿童食品的广告打出收集卡通图片换取真实玩具的口号，一些儿童为了收集更多数额的卡通图片，要求父母一下子买回好多箱食品，这不仅是一种资源浪费，而且还容易在儿童中形成一种攀比心理，影响儿童人格的健康发展。还有一些儿童食品广告宣扬孩子吃了××食品就会比其他孩子聪明，这实际上会影响家长的消费观念。

第二，宣扬"小皇帝""小公主"的家庭定位。许多厂商利用家长的"爱幼"情结，大肆宣扬儿童在家中的重要地位。有一则儿童玩具广告，小男孩怎么都不肯吃饭，把全家人搞得人仰马翻，爷爷拿出毛绒玩具，被丢在一边，奶奶拿出糖果，被拒绝，妈妈端着饭碗追着男孩到处跑，这时门铃响了，爸爸拿着××牌玩具进门，画面马上转换成小男孩满足地搂着玩具接受妈妈的喂饭，其他人欣慰地看着他吃饭。这则广告播出后起码有两个不利影响：其他儿童会模仿广告中小男孩的做法，为了得到某样东西就以不吃饭要挟；广告中全家人都围着小男孩转，"爱幼"有了，可"尊老"却荡然无存。

第三，儿童出现在情色或暴力广告中。毫无疑问，情色广告或含有暴力场面的广告会危害儿童的身心健康，如果儿童出现在这种广告中，产生的危害更大。例如，福建的亲亲果冻广告，一个小男孩和一个小女孩互相喂果冻"你一口我一口"，画面配上"亲亲"的品牌名，已经超出了儿童的天真无邪，带入了成人世界的"情色"。

第四，导致儿童判断力下降。面对琳琅满目、千差万别的同类商品，儿童拿不定主意时，毫无疑问，广告信息成了他们作出决定的依据。而这个依据可能仅仅是个概念，凭主观感觉判断，时间长了，势必降低儿童的判断能力。

因此，儿童广告应该引起社会各界的重视。

（2）儿童广告的管理规范

其一，加强儿童广告的法规管理。在国外，瑞典禁止播放儿童广告，意大利国会广电法案禁止 14 岁以下儿童拍摄电视广告，爱尔兰广电主管机关严禁儿童仰慕的名人代言儿童广告，并要求糖果广告需要特别提醒刷牙。在国内，虽然《广告法》第八条明确规定"广告不得损害未成年人的身心健康"，但是这条法规过于笼统，不能对广告起到具体明确的约束作用。目前还不能在现有的法律（如《广告法》《未成年人保护法》等）中找出根据去禁止这种广告。由此，广告监管机关应该细化儿童广告的相关法规，完善儿童广告的法规管理。

其二，提高广告从业人员的职业操守。"维护未成年人的身心健康是国际广告界公认的职业道德和基本准则"①，儿童（baby）是 3B 法则中的一种，儿童的天真和可爱是广告创意人员使用最多的元素之一。广告中的儿童形象应该是健康积极向上的，不能在精神、道德、身体方面使他们受到伤害。例如"杜邦漆"的一则平面广告中，在全世界不同肤色婴儿的小屁股上刷上杜邦漆，让他们站成一排，画面给人很强的视觉冲击，既表现出杜邦漆的颜色鲜艳多彩，又表现出产品覆盖面的广泛，给人留下了深刻的印象。

3. 名人代言广告

现代广告业中，"名人广告"受到越来越多广告主和广告商的青睐。

（1）名人代言广告频频暴露问题

部分明星滥用知名度，频频出现在违规广告中，极大地扰乱了市场秩序，伤害了消费者的感情，并且给社会带来不良影响。我们将名人代言广告的问题归纳为以下三个方面。

第一，编造公益情节欺骗受众。明星是公众人物，公众人物替企业做公益广告，往往会提高企业的美誉度，但是如果这种慈善行为是虚假的，反而会适得其反，不但影响企业在消费者心中的形象、降低信誉度，对明星本身也是一种伤害。

第二，假借消费者名义虚假宣传。有些明星对代言的产品的功效和性

---

① 李小勤：《广告伦理》，山东教育出版社，1998，第83页。

能毫不知情，在没有亲自调查、没有亲身体验，甚至未做基本核实的情况下，只是被高额代言费所诱惑，就完全按照广告商的要求，对产品进行虚假宣传。濮存昕在新盖中盖口服液广告中直言"我儿子就喝哈药六厂的新盖中盖口服液"；刘嘉玲在 SK-II 紧肤抗皱精华乳广告中宣称"使用28天后细纹及皱纹明显减少47%，肌肤年轻12年"等。这些广告都是站在消费者的立场，验证产品的功效以引起其他消费者的购买兴趣，都被认定为不规范的违法广告。

第三，冒充专家口吻夸大其词。这一点主要表现在医疗、药品、保健品广告当中，名人冒充所谓专家对产品进行不着边际的夸大宣传，夸大疗效，言之凿凿地向大众宣传产品的神奇作用，说得产品好像灵丹妙药一般，引导消费者进行错误的购买行为。这种宣传属不实宣传，是虚假广告的一种具体表现形式。

（2）对名人代言广告的伦理规范

西方国家对名人代言广告有着严格的规定，如果广告中名人具有导向性地向消费者推荐产品，名人必须是该商品的真实用户。"在中国，没有明确规定对名人明星代言广告应该承担的法律责任，所以让某些人有机可乘，并在受到媒体质疑之后，仍然推脱责任，直喊委屈。"[1] 我们对名人代言广告的规范有下面几点建议。

第一，加强明星的社会责任意识。明星不是普通的广告模特，由于明星具有丰富的注意力资源，明星代言广告比一般的广告更有说服力和诱惑力，稍有不慎，其代言的广告就会成为虚假广告，损害消费者的利益，产生不良的社会影响。所以，明星在参与广告活动的过程中，应以社会责任为重。要通过宣传与教育，不断加强明星的社会责任意识。明星社会责任感的强弱是衡量与评价其思想水平、道德修养、业务能力的基本尺度。著名相声演员马三立教育晚辈说："公众人物不能骗人，为了钱跟老百姓说这东西怎么怎么好，其实并不是那么回事，结果把自己都赔里边了。"[2]

第二，建立广告道德规范体系。广告道德是对广告行为和活动的基本

---

[1]　陈正辉：《广告伦理学》，复旦大学出版社，2008，第252页。
[2]　赵雅文、樊丽：《明星虚假广告与广告道德的建立》，《新闻实践》2004年第11期。

要求、评价标准及价值导向，主要是以行为原则和行为规范的形式表现出来的，由此形成的广告道德规范体系直接表达了广告主体在广告活动中应承担的义务和责任，集中体现了广告活动对业务行为的特殊要求。社会主义广告道德基本规范以"真实可信、公平竞争、遵纪守法、健康向上"①为重要内容。只有建立起广告道德规范体系，才能净化广告市场，保证广告业健康、有序地发展，才能维护稳定的市场经济秩序，才能发挥广告在社会主义市场经济中应有的积极作用，才能保持社会的诚信，实现建立和谐社会的目标。

第三，完善相关法律法规。目前我国的法律没有具体明确名人应该承担的责任。对虚假广告的处罚也只是"一千元以上一万元以下"，这点罚金对于名人高额的代言费来讲只是"九牛一毛"。所以必须切实完善相关的法律法规，加大对明星代言广告违规行为的处罚力度。只有这样，才能威慑部分滥用知名度进行虚假宣传的明星，防范此类事件一而再再而三地发生。

第四，完善社会监督体系。增加媒体的道德意识，加强社会的监督力度，对举报此类违规广告的消费者给予某些奖赏；由广告监管机构或消费者保护组织对名人代言广告建立档案，凡有违法违规代言行为累计追究等。

4. 污辱性广告

"近年来频频有国外的广告涉嫌侮辱中华民族的尊严，激起广大民众的抵触情绪。这些广告有个共同特点，即不恰当地使用了中华民族文化中有特定文化含义的事物作为广告形象，侮辱或丑化了中华民族和中国人的形象。"②

案例一：俏比洗衣机厂涉嫌种族歧视事件。该广告中一名沾着油漆污渍的黑人男子，被女主角喂了一粒洗衣珠后便被塞入洗衣机。洗衣结束后，女主角打开洗衣机，一名皮肤白皙的亚洲男性面孔从中出现（见图4-7）。这则广告引起了众多海外观众的强烈不满，该公司因不抵社会舆论压力而将此广告下架。

① 赵雅文、樊丽：《明星虚假广告与广告道德的建立》，《新闻实践》2004 年第 11 期。
② 陈正辉：《广告伦理学》，复旦大学出版社，2008，第 272 页。

图 4 - 7　洗衣机广告

资料来源：广告截屏。

案例二："麦当劳"在成都某电视台播出一则广告，因其中含有消费者向商家下跪"求折扣"的镜头，引起了许多市民的质疑甚至反感，而广告界业内对这则广告的创意也褒贬不一。作为广告，在最初的创意上肯定要顾及消费者的心理；作为企业，制作广告时更需考虑所面对的消费群体的传统文化观念。

案例三：必胜客虾（瞎）球广告，遭残疾人抗议。广告里，一只虾滚成球形，戴着墨镜，手持盲杖，旁边还配有"瞎"字。前两句广告词则是"你知道球为什么乱滚吗？因为它是虾（瞎）球"。两名视障人士认定这一广告伤害了他们的心灵，希望必胜客通过媒体正式公开道歉。

每个民族都有自己的风俗习惯、历史传统、伦理道德，以及人生观和价值观。广告的一个重要创意原则就是要尊重不同民族的文化传统和伦理道德。例如，在美国广告可以调侃美国总统，但是在中国就不行，代表国家形象的国家领导人、国旗、国徽等都禁止出现在广告中。

经济的全球化趋势促使跨文化交流越来越普遍。广告作为文化的一种载体，也将走出国门，走向世界。在这个过程中，必须充分了解和熟悉不同民族、不同国家的文化传统和伦理道德，以免发生花了钱做广告却达不到效果，甚至损害自身产品形象的事情。

二　商业广告伦理缺失的本质

广告是商品经济的产物，是市场发展的晴雨表。不可否认，随着我国改革开放和现代化建设的发展，广告业走上了历史快车道。20世纪80年代以来，中国广告业的年均增长速度保持在30%以上，远远超过GDP的增长速度，中国广告市场已经成为继美国、日本、德国之后的全球第四大广告市场。2004年的广告收入就已经占据GDP的0.93%。中国广告市场在2010年前后超过日本，成为全球第二大广告市场。到2016年广告产业总体规模达到6489亿元，同比增长8.63%，超过GDP增长幅度。从一无所有到后来居上，中国广告业的发展速度是惊人的。但辉煌数字的背后，我们也付出了沉重的道德代价。作为一种商业文化的大众传播，年轻的中国广告业似乎也陷入了一种经济发展与道德失范二元对立的古老悖论之中。尽管自1990年以来，中国制定了一系列规范广告业发展的法律规章制度，特别是《中华人民共和国广告法》在1995年实施，广告公然违法之举在很大程度上得到了有效遏制，但各种形式的广告失范现象仍然屡禁不止。有统计数据显示：就在《广告法》实行的当年，国家工商行政管理局在全国组织电视广告执法大检查，在对省台和省会市台播出的5000例广告审查中，查出违法广告1633条，占受检比例的32.6%。① 广告已经成为市场营销中最具公开性且受到批评、评论最多的领域之一，在这些批评与评论中涉及许多伦理道德问题，值得引起人们的警惕。

人类由工业时代向信息时代演进的过程中，广告的弊病日益彰显，需要"彻底改革"。正如USP理论的创始者罗瑟·瑞夫斯所言："广告确实很重要。但总以广告论成败可能会铸下大错。"②

（一）广告经济与商业广告伦理之间的关系

要了解一个社会的广告，就必须了解这个社会在经济、文化、道德规范方面对广告业的期望和要求，了解广告经济与广告伦理的关系。

1. 广告经济是广告伦理的基础

马克思主义认为，社会存在决定社会意识，社会意识是对社会存在的反映；社会经济基础决定社会上层建筑，社会上层建筑反作用于社会经济

---

① 孙瑞祥：《"以德治国"与广告伦理》，《新闻战线》2001年第5期。
② 罗瑟·瑞夫斯：《实效的广告》，张冰梅译，内蒙古人民出版社，1999，第4页。

基础。广告伦理作为一种上层建筑和社会意识形态，是对社会物质生活条件的反映，是对一定经济状况的反映。正如恩格斯所揭示的："一切以往的道德论归根到底都是当时的社会经济状况的产物"，"人们自觉地或不自觉地，归根到底总是从他们阶级地位所依据的实际关系中——从他们进行生产和交换的经济关系中，获得自己的伦理观念"。① 马克思主义这一思想科学地揭示了广告经济与广告伦理的本质以及基本关系。

2. 广告伦理反作用于广告经济

广告伦理是对整个社会经济基础的反映。马克思主义认为，社会经济基础决定社会上层建筑，社会存在决定社会意识，而社会上层建筑和社会意识形态又必然为巩固和维护其社会经济基础服务，极大地反作用于社会存在。② 广告伦理作为一种特殊的社会意识形态和上层建筑，也必将以其特有的方式和功能为其广告经济的基础服务，并对其产生重大的作用。因此，广告经济与广告伦理两者并不是对立的，也不是分离的，而是相互促进、相互协调、相互融合的。

恩格斯早就指出：社会的经济关系首先是作为利益表现出来的。所以，经济行为目标和动力实质是利益和利益追求的问题。利益和利益追求的实现是要具备先决条件的，即经济活动主体的人际关系尤其是利益关系的协调。经济的发展是实现社会进步和人的完善的基础，而人的完善所表现的智力与道德的统一，又为经济的发展注入了强大的动力源。由此可见，经济和伦理是人类生活的共同空间，在这个空间里经济现象和伦理是共存、共生、共融的。③

因而，可以得出这样的结论：当前中国广告界伦理缺失的本质就是经济基础与上层建筑局部失调的一种表现。

（二）商业广告伦理缺失的原因

20 世纪 80 年代以来，中国社会经济结构的剧变导致了社会生活领域中的一系列重大变化，促使人们迅速转变思想观念以适应正在变化的社

---

① 《马克思恩格斯文集》第 9 卷，人民出版社，2009，第 99 页。
② 《马克思恩格斯选集》第 2 卷，人民出版社，1995，第 384 页。
③ 《马克思恩格斯选集》第 2 卷，人民出版社，1995，第 537 页。

会，人们思想观念的变化最初也是集中表现在伦理观念的变化上。由于传统伦理观念是建立在小农经济基础之上的，当市场经济的大潮汹涌而来时，传统伦理观念便受到了极大的冲击，这种冲击的力量之大超过了一般中国人的承受力，产生了极大的负面效应：经济行为价值的过度推广导致了道德价值标准的迷失，出现评价标准的二元性或多元性；道德评价标准的迷失又导致道德价值取向的紊乱和行为中道德的缺乏。在广告业，人们感受到了广告运作秩序的混乱，原有的行业规范受到了前所未有的挑战和冲击，曲解规则、无视规则，甚至自立规则的现象屡见不鲜。广告活动中不正当竞争、不讲信用等违规甚至违法现象相当普遍；管理过程中执法部门的缺位、各部门制定的规则相互矛盾，形成扯皮，乃至于一些工作人员贪渎腐败；等等。这些无疑都是社会转型期产生于传统经济基础之上的伦理体系必然发生的根本性的变化。① 为此，我们认为中国广告伦理缺失的本质主要表现在如下方面。

1. 片面的功利主义泛滥

现阶段功利主义原则的提出有其历史的和现实的必然性，但作为调整整个社会的伦理基本原则还缺乏全面性，亦有很多局限性，常常被人片面理解甚至曲解。所谓片面的功利主义，是指仅从人的趋乐避苦的本性出发，认为追求个人利益是一切行为的目的和归宿，并用以调整个人与他人、个人与社会的关系。为了追求纯粹的经济利益，在有的广告主看来，社会利益仅仅是个人利益的简单相加，是一种虚构的利益，只有个人利益才是最真实的利益，于是他们便不顾社会道德的约束，唯利是图，发布一些违背社会伦理道德规范甚至违法的广告，塑造金钱至上、利益至上的道德理念，以强有力的经济基础左右、腐蚀消费者的信念，造成社会精神面貌的受损以及广告业的畸形发展，最终严重影响整个广告经济的健康发展，给消费者带来不良的影响与后果。

2. 个人主义、利己主义横行

在西方，个人主义思想的萌芽可以追溯到古希腊时期，后经过文艺复兴时期的准备，根植于西方社会经济基础和文化之上的个人主义，历经17

---

① 李永华：《道德失范以及制度伦理的思考》，《山东省青年管理干部学院学报》2005 年第 1 期。

世纪到 20 世纪近四个世纪的发展才逐渐成熟。西方个人主义，对西方社会的影响是双重的，既有推动社会发展的一面，又有阻碍社会发展的一面。遗憾的是，中国的部分广告人并没有意识到，中国社会的经济基础与个人主义原则的经济基础是有本质区别的，社会的政治制度、文化传统与西方也有很大不同。一味强调个人至上、本位主义，强调一己私利的至上性，奉行"死后哪管它洪水滔天"的信条，把一己私利的得失，视为道德上善恶与否的唯一标准，并且不惜损害他人利益和社会利益，乃至走上违法的道路，这在广告界已有各种表现。

3. 传染性影响

当社会上伦理缺失的广告越来越泛滥的时候，更多的广告主就会效仿甚至变本加厉地发布此类广告，造成整个社会广告的媚俗、低下、虚假和欺骗等。西方广告界流传这样一种说法：运用 3B，即婴儿、动物、美女，作为广告模特，是永远不会落伍，永远受到人们喜爱的。但凡事有度，应合理把握人们的审美，在广告中运用好 3B 模型，会激发人们的消费欲望，达成购买行为，但滥用 3B，不仅会误导消费大众，而且可能使广告陷入低俗、同质化倾向。目前中国广告在运作中就出现了这样的滥用问题，而名人广告更是一个重灾区。一窝蜂地使用名人代言，一个名人为很多产品代言，使名人广告成为失范广告的高发区。在形形色色的广告中，女性广告更是无处不在，而很多广告突出的是女性的身体曲线和谄媚的笑容，这分明是对女性的一种性别歧视。

三　商业广告伦理缺失的界定

20 世纪 70 年代末以来的改革实践，实现了中国五千年来从未有过的繁荣、富裕和历史跨越，改革的巨大成就举世瞩目。而社会上价值标准的混乱和道德行为的失范，则进一步导致了广告伦理的缺失。有些伦理缺失的广告，可能在法律、法规中未有明确界定，但与社会伦理道德、行为规范、时代主旋律等发生冲突，甚至唱起了反调，久而久之难免会使消费者的价值观和判断力日渐迷离。鉴于此，本书以为有必要运用伦理学的眼光去全面审视广告现象，从学理上对广告伦理缺失的表现进行梳理，提出界定原则，以达到更好把握并引导广告传播的目的，使广告的经济效益与社会效益相得益彰，从而有力地促进物质文明、精神文明、政治文明和生态文明的和谐发展。我们可以用以下原则来界定广告的伦理缺失现象。

（一）背离诚信经营原则

什么是诚信？"诚"指诚实无欺、真实无妄；"信"指遵守诺言、实践成约。《礼记·中庸》指出："诚者，天之道也。诚之者，人之道也。"孔子把"信"看作"仁"的最重要的内容，认为"人无信而不立"，要求"敬事有信"。[①] 这种诚信原则成为中国古代经济伦理的重要内容，并持续不断地在我国经济生活中发挥着影响和规范作用。

但遗憾的是，眼下越来越多的广告背离诚信经营的原则。20 世纪 80 年代初期的广告公信度几乎是 100%，90 年代也能达到 80%，而现在资料显示广告的公信度已经降至 39%，并愈加朝着迷惑性强、难以判断的方向发展。这组数据表明，中国的广告已经面临严重的诚信危机，而诚信危机正威胁着整个广告业生存和发展的基础。在诚信问题上，我们主要面临这样一种尴尬境地：不讲诚信对于整个广告传播活动来说是有害的，但对于不讲诚信的单个广告主来说可能是有利的；对于一个广告主来说，不讲诚信从长远来说是有害的，但在短期内可能是有利的，而且有些广告主事实上就没有或者是顾不上考虑长远的问题；甚至有这样的情况，不诚信对广告主是有害的，但对广告经营者个人却是有利的。由此可见，问题的关键并不在于广告主或广告经营者是否知道诚信的重要，甚至不在于广告从业人员的自律，而是在于背后的商业机制，建立这种机制的根本之处是要增加不讲诚信的代价。现代广告活动已经发展成一个频繁流动的活动，在这样的传播活动中，需要一套全新的机制，以约束广告从业人员的行为。在这套机制中，包含个人行为的记录制度、广告公司和个人的道德自律、同行或广告协会的横向约束、规范的具有公信力的中介组织、政府主管部门的有效监管、完善的法律制度等，都是不可或缺的组成部分。增加

---

① 罗国杰：《马克思主义伦理学》，人民出版社，1982，第 46 页。

不讲诚信广告的违法成本，也可有效地遏制突破伦理底线的广告出现。只有这样，整个中国广告业才能踏入诚信经营的康庄大道，进入善善相生的良性循环。

（二）背离公平竞争原则

公平是市场秩序中最重要的原则。马克思指出："商品是天生的平等派。"① 因此，公平、公正、平等、正义是公平竞争原则的应有之义，也是人类古老的道德概念之一。在道德的历史演变中，道德体系虽更迭交替，但公平原则始终是人类活动的首要价值，这是决不能妥协的。

从我国广告业的情况来看，随着社会主义市场经济的发展，"作为公平的正义"已成为凸显的现实问题，在中国广告业40多年的发展历程中，围绕于此的诸多问题一直困扰着广告业的发展。各广告主之间的机会与获取市场利益的不均等、各广告公司之间竞争起点与竞争规则的不公平、各广告媒体之间占据的媒介资源与自身公共资源的不公平已成为不争的事实，潜规则、无规则大行其道，公平、公正、公开的竞争环境根基已然不稳。我们在此提出"公平竞争原则"，是要让所有广告经营者都有参与竞争的同等权利，所有竞争者都享有与其贡献相称的利益。从这个意义上说，公平竞争原则正是新时代广告业再次腾飞的必然要求。

（三）背离公众利益至上原则

广告大师大卫·奥格威曾言，我争取获得更多的盈利，以便大家在年老时不致过贫困的日子。毋庸置疑，在现代市场经济社会中，广告是经济的重要分子，而广告被用于市场经济并获得快速发展，其根本动力是营利性。追求经济利益最大化，以最大限度地谋取生存和发展的资本是现代广告的最主要目的。广告在传播时所选用的一切手段和形式都是为了创造消费市场，从而获得商业利润。但事实表明，在自利动机基础上的"利益最大化"必须行之有度，切不可成为广告的最终目的和唯一目的，否则就会侵犯他人权益，成为不正当利益的奴隶和俘虏。因此，所谓公众利益至上

---

① 《马克思恩格斯文集》第5卷，人民出版社，2009，第104页。

原则，指的就是广告的传播要符合道德的标准，要符合消费者的个人利益和集体利益，从而最大限度地保护公众利益。[1]

举例来说，近年来，围绕医疗广告的诸多争议就是对上述原则的最好诠释。在"看病难，看病贵"成为社会毒瘤的大环境下，形形色色的医疗广告一度成为公众的出气口之一。医药保健行业属于严重的信息不对称行业，在市场经济条件下，对广告的需求自然与日俱增，"高比重""高增长"成为医疗广告市场的现状。CTR 监测结果表明，当省级地面频道医疗广告播放长度达到 27.8%，城市频道则达到 61.15%。利益的驱使和体制的不健全，使医疗广告的违法率占据"广告黑名单"的榜首，有些省份医疗广告差不多 100% 违法、违规，这无疑造成了对社会公众利益的严重侵犯与危害，甚至严重威胁民众的生命安全。于是乎，有关部门以壮士断腕的决心拟取消医疗广告。消息传出，舆论沸腾，不少人觉得医疗广告"虽百死不足惜也"，医疗广告市场也随之陷入萎靡。但是，仔细思量，难道"一刀切"的做法就真的符合公众利益吗？明眼人都知道，医疗广告的混乱之"责"并不全在广告本身，而更多的是医疗市场管理的制度和规范问题。如果把医疗广告的问题归结于广告本身，实际上就掩盖了问题的本质，反而会使问题更加严重，不仅侵害了合法医疗广告发布的权利，更是对民众更重要的利益——知情权的伤害。笔者以为，面对此类情况，正直的广告从业人员需要以莫大的勇气，牢记以社会公众利益为己任，划清传播的边界，调整好与社会整体的关系，迎难而上，承担起维护广告市场秩序、维护市场经济原则的伦理责任，否则一味跟风，失去独立思考的自由，亦是对社会公众利益的另一种背离。

（四）背离行业规范原则

"广告有学"早已成为人们的共识。就艺术性要求而言，是指在广告宣传活动中必须使用艺术的手法，去表述和传递信息，从而增强广告的宣传效果。广告的思想性、科学性和艺术性，都是广告美学的基本内容，是美学的基本原理在广告活动中的应用和技术化。

---

[1] 罗瑟·瑞夫斯：《实效的广告》，张冰梅译，内蒙古人民出版社，1999。

翻开美国广告史的长卷可以发现，美国广告界有段时间曾肆无忌惮地以"性"为诉求工具，但进入20世纪90年代以后，也逐渐由以往的性泛滥态度转为严格控制的策略。一位广告人曾言，如果你想用性作为广告的表现手法，你最好有向全世界宣战的心理准备。可见，随着时代的发展，即使是强调自由与个性的西方社会，做广告也是要注重有利于社会良好道德风气的形成和确立的。而我国至今还有相当大一部分广告人把这种遭人唾弃的东西生搬硬套，随处乱用。"平胸不是我的本色""欲望升起的地方""玩美女人"，全裸或半裸女性的招贴画等随处可见，这些广告是典型的缺乏思想性而导致广告伦理缺失的例子，自一出世就注定了最后要被查封撤除的命运。一则好的广告首先是通过图像、音乐、语言、文字来取得宣传效果的。广告本身的要求就是尽可能满足视听需求从而产生感染力，否则就没有意义，达到满足视听需求的过程就是艺术过程。马克思主义伦理学认为，在人们的行为实践领域，真（诚信）、善（思想性）、美（艺术性）是相互联系、相互贯通的，真是善的基础，美是善的具体形象。因此，我们的广告也应该具有一定的艺术性，有真正的审美价值。广告也只有考虑到艺术性，才能充满高尚、健康的审美情趣，起到振奋精神、陶冶情操、感染人心的作用。

只有这样，广告中伦理缺失的问题才能得到整治，泥沙俱下、参差不齐的广告环境才能得到改善。

（五）背离生态友好原则

生态友好原则对规范广告市场、净化广告环境提出了很多要求。从大处说，上述各项原则都应是生态友好原则中的应有之义，但本书拟在此重点指出的是广告投放的问题。也就是说，广告主如何在目前的市场经济条件下、在多元化竞争并存的背景下规范广告的投放行为。广告主在面对现实的压力时，不能只管经济效益而远离道德底线，忽视或无视职业操守，而必须在一定的底线之内，寻求效益的最大化。其中最主要的就是对广告投放强度——时间、空间、数量等的控制。一提到脑白金那句响彻大江南北的广告语——"今年过节不收礼，收礼只收脑白金"，一提到那句喊了十数年不变的"广西金嗓子"，相信大多数人会产生逆反心理。其实，这两则广告本身倒也没有什么出格的伦理失范举动，而之所以造成大多数人反感的局面，在很大程度上在于投放的数量与时间的失控，背离了生态友好原则。尽管高强度的广告投入可能会给消费者带来强烈的视听冲击，占据消费者的部分记忆资源，或许能使其产生一定的购买行为，但这应当是一个负责任、讲道德、明伦理的广告主所不屑采用的手段。广告的投放要坚持适度原则，不能"仗财欺人"，肆意"强奸"消费者的视听，要爱惜和重视消费者的生活环境，合理地运用各种资源，促进整个传播环境的可持续发展。总之，生态友好原则应当成为所有广告人都能自觉遵守的重要的伦理原则。

四　商业广告伦理缺失的危害

背离社会伦理规范，如同遵守社会伦理规范一样，具有现实性和某些合理性，是人类社会行为的另一种必然。有规范就必然有不规范，这两方面是辩证统一的。有符合社会伦理要求的广告行为，同样也就有背离社会伦理要求的广告行为。整个行业就是在遵守与背离社会伦理要求中发展、进步的。所以值此社会转型之际，中国广告业伦理缺失的现象是在所难免的，但是不能任其发展，而要在把握好广告和伦理的双向互动关系的基础上，对这一现象的危害性保持充分而清醒的认识，防患于未然。

（一）破坏市场经济的正常运行

广告伦理缺失，意味着在处理广告与社会效益、广告与广告主、广告与消费者等多方关系时，没有按照平等、互利、互惠、公开、公正的市场原则来进行，而是采取一些不正当、不道德的手段损害国家的利益、竞争者的利益、消费者的利益，从而实现自身利益的满足。这样不仅破坏公平竞争、平等互利的游戏规则，破坏市场经济的正常运行，而且影响中国广告在国际市场上的竞争优势。在现代市场经济理念中，竞争优势并不仅仅是靠有形的产品、技术来获得，更是靠无形的形象去获得和维持，其中最重要的是企业的伦理道德形象。在市场经济中，竞争是必然的现象，但竞争必须有序，必须讲诚信、讲道德，竞争必须受一定的道德约束和法律约束。"如果在竞争中不择手段，损人利己，危害社会和公众，必然受到公众的指责，受到道德的谴责，最终将失去消费者的信任，从而失去财富的源泉，使企业陷入经营困境。"① 中国的广告作为市场经济中重要的一分子，也同样须肩负起维护市场经济正常运行的责任。

（二）消解和谐社会的诚信指数

广告伦理缺失对社会运作带来的道德伤害，是削弱、瓦解社会诚信度，从而消解和谐社会的诚信指数。广告作为一种信息传播符号，对受众的影响是较大的，尤其是中国，在消费者深层次的心理中，往往更需要别人告诉他到底需要什么，也就更容易受到广告的蛊惑及影响。可以说，广告在中国人的心灵土壤里有着得天独厚的传播优势，因此，对中国人的心理影响也就更大。但遗憾的是，虚假广告、误导广告、新闻广告、比较广告、失诺广告等形形色色的广告，正从不同的主体、形式、内容、结果上失信于消费者、失信于公众。这些违背伦理规范的广告在降低广告传播的信息功能的同时，也立竿见影地消解了公众的消费信心，削弱了消费者个体对广告业的信任度，同时也会在纵深上消解和谐社会的诚信指数，造成社会诚信度的危机。而社会诚信度的危机，则会动摇整个社会道德体系的根基，进而引发社会秩序的混乱，影响和谐社会的构建。因此，在中国这个特殊社会里看待广告伦理的缺失，更多了一丝刻不容缓的味道。

（三）扭曲社会主流的价值观念

看广告是免费的，但又是强制的，它无处不在，使我们没有选择也无从拒绝，只能被动地接受，而广告在传播信息的同时也在传播观念。中国传统文化元素是广告创意的重要来源，是代表中国文化精神、引起受众对中国文化精神的联想，同时能引起"中国情结"共鸣的、中国特有的符号。② 信息是物质的，也是精神的。"物质的"信息直接作用于人的感官，

---

① 罗瑟·瑞夫斯：《实效的广告》，张冰梅译，内蒙古人民出版社，1999，第 57 页。
② 薛双芬：《论"中国元素"在广告创意中出现的问题及对策》，《学理论》2015 年第 13 期。

"精神的"信息却潜移默化地对人的意识及观念产生影响。可以认为，广告传播不仅以直接的经济利益为基础，它在某种程度上可以直接控制商业信息的传播，同时也会左右其他社会传播行为的价值取向，进而影响社会文化倾向，导致社会伦理观念的转变。因此，伴随伦理缺失的广告的泛滥，出现了一系列社会问题。比如媚俗广告强化了奢侈生活泛滥的趋势；负面儿童广告对下一代产生严重的负面影响；个人主义、享乐主义广告催生了拜金主义；庸俗的广告还严重扭曲、冲击社会的良好风尚。伦理缺失的广告对社会公众价值观念的改变施加了沉重的影响，社会公众在广告的不断轰炸中不自觉地陷于商家设定的各种诱惑的陷阱之中；同时，也模糊了人们对广告经济和广告伦理基本原则的认识，误导了人们的行为和生活理念，混淆了善恶观念，并通过沦丧的广告伦理道德意识来判断和反映社会经济现象。这就无法为广告业的和谐发展提供道义支持和精神保证，不利于净化社会环境和促使良好的社会风尚的形成与发展，必将造成整个社会的价值观偏离，最终将和谐社会的主流价值观扭曲变形。① 譬如 2014 年某婚恋网站"因为爱，不等待"的广告，说的是外孙女毕业工作后外婆一直追问其是否结婚，甚至病重卧床插着氧气管时还在问"结婚了吧？"最后女主角终于跑去婚恋网站找了一个丈夫，含泪告诉外婆"我结婚啦！"广告播出后遭到了媒体和网民的广泛质疑，慈祥的外婆在片中成了"逼婚狂魔"。广告将结婚视为人生终极目标，也是最高目标，对外孙女学业事业上的成就视而不见，仅仅关心"是否结婚"，仿佛女性生下来就是为了嫁人，即使取得成就但没结婚就什么都不是。这种拙劣的表现手法，已经偏离了正确的价值观，有违社会的伦理道德。

（四）增加商业广告行业的交易成本

广告经济是一种市场经济，在市场行为中，由于每个广告主体都是利益主体，为实现利益最大化目标，广告活动中的每个行为主体都存在机会主义动机，这就必然产生市场的机会主义行为。市场的这种机会主义行为，会导致交易成本的扩大。市场经济在允许人们谋求利益最大化的同

---

① 许月奎、曹秀平：《"性感广告"成因及其评析》，《经济师》2004 年第 7 期。

时，还设计了防止机会主义行为的制度。但是，这种防止机会主义行为的制度设计本身就是一种成本，这种成本可能很高，甚至高到无法实施的程度。所以，市场在做各种制度设计的同时，还通过建立人们自觉遵守的道德原则来达到相互信任的目的，以减少这种成本。这就是市场秩序的伦理原则在发挥作用。一个高效率的市场，必定是一个有着良好伦理规范的市场；一个缺少伦理规范的市场，肯定是一个低效率的市场。伦理规范的缺失，会导致交易费用的提高，严重时还会导致交易链的中断，导致经济的衰退。[①] 这是值得广告业时刻警惕的事情，不正当、非道德的广告活动看似获得了超额的利益，但一旦伦理缺失的现象蔓延开来，便会形成一个普遍缺乏伦理道德的广告运作环境。消费者为了防止被虚假广告欺骗，就要花费人力、物力、财力去了解产品的信誉，鉴定商品的真伪与质量；为防止自己的产品被恶意仿造、比较，厂家就要研制各种防伪技术；工商部门为了打击虚假广告、误导广告，要设立专门机构，配备专门的人员。所有这些无疑浪费了大量的行业资源，增加了整个广告行业的交易成本。[②]

（五）弱化商业广告经营的调节力量

著名经济学家厉以宁教授指出，通常人们在讲到经济调节时，只讲市场调节和政府调节，实际上，在这两种调节之外还存在第三种调节，那就是道德力量的调节。韦伯同样也认为，市场经济的建立不仅需要巨大的经济资源和技术条件，需要独特的社会政治条件，同时也需要巨大而独特的文化道德资源。这样的结论也许同样适用于广告界。

什么地方经济比较发达、社会生活比较繁荣，什么地方的广告就比较发达，这是人们公认的事实。广告沟通企业与消费者的联系，扩大产品销售，提供商品信息，指导消费行为，塑造企业的形象，对于企业开拓市场、扩大产品销路有着极为重要的意义。在市场经济条件下，广告是经济活动的重要内容，成为市场经济不可或缺的一部分。因此，在广告界依然

---

① 高德步：《论市场经济活动中的伦理原则》，《理论视野》2004 年第 1 期。
② 董玉芳、曹苏：《企业伦理缺位分析》，《经济工作导刊》2003 年第 10 期。

需要伦理道德的调节。但是需要明确的是，在广告经济中，市场调节同样是基础，是配置广告各方面资源的最基本方式，但它不能对一些非交易性的经济行为进行调节；政府工商管理部门的调节是通过各级工商管理部门运用各种经济法律和政策手段来强制实施的；伦理调节则是通过每一个道德主体即广告人的自律实现的。相对于市场调节和政府工商管理部门的调节，伦理调节的直接效果不太明显，但其潜在作用却是深刻而广泛的。作为一种主体自律机制，伦理调节是其他一切经济调节方式的基础。任何调节都要通过人来实现，都依赖于主体的一定的自律精神，否则，不论是市场还是政府工商管理部门都难以有效地发挥调节作用。总之，市场调节、政府工商管理部门调节和道德调节作为广告经济调节的三种方式，既相互区别，各有其特定功能和作用，又相互联系、相互依存，三者共同构成了广告经济调节的有机系统，实现着对宏观经济运行的有效调控。①

因此，广告伦理的缺失必然会弱化广告经济中第三种调节的力量，不利于广告资源的全面优化配置，难以实现最佳经济效益，不利于广告人自觉地以正当的、符合市场经济伦理规范的行为去维护宏观经济的协调发展，不利于伦理精神的弘扬，使得广告人无法超越狭隘的自我利益最大化原则，不能自觉去承担对广告经济优化发展的责任。

（六）阻碍商业广告产业的健康发展

伦理道德的外在表现可以规范人们的行为，内化后则成为人们的内心信念，逐渐形成稳定的品质，就成为一个强大的磁力场，凝聚人心，形成现代行业的凝聚力，从而成为推动市场经济健康发展的强大动力。

建立在市场经济基础上并符合社会主义市场经济发展要求的广告伦理道德，以一种崭新的伦理文化、道德信念、善恶判断来表明现代广告经济的合法性、合理性，从而唤起所有广告从业人员的支持、拥护，为发展广告经济奋斗。这是通过广告经济活动的行为主体（广大广告从业人员及其组成的广告公司）来实现的。通过新的、进步的广告伦理道德思想和观念

---

① 罗能生：《宏观经济运行中的伦理问题》，《株洲工学院学报》2002 年第 3 期。

武装、激励广告从业人员，以崭新的道德精神、行为表现参加广告市场经济的实践，发挥其从业积极性和创造性，使其从总体上强化行业的精神，增强行业的凝聚力，提高行业的整体竞争力。这一切都基于广告伦理道德的感召力，倘若缺失了广告伦理，那么这一切自然是无源之水、无本之木，广告业的健康发展也就无从谈起。

第五章

基于责任的商业广告伦理构建

综合前面四章的论述，我们可以明确，中国广告业应当与时俱进，顺应形势，求得和谐发展。那么，如何超越冲突、理清思路，为业内带来更多的福祉，就成为考验中国广告业发展智慧与生存的大问题。

1919 年，马克斯·韦伯提出，所谓责任伦理实际上是一种以"尽己之责"作为基本道德准则的伦理，其判定一个人的道德善恶的根本标准，在于他是否在一定的道德情境中尽了自己应尽的责任。[①] 经验和常识告诉我们，对中国广告伦理缺失的现象应该有更深层次的思考——凡严重伦理失范，必有制度方面的原因。换言之，是制度便利了伦理失范的行为，是制度上存在的某些问题诱发了违规，只是惩罚违规者，并不能解决制度方面的问题。而社会学的基本知识又告诉我们，许多制度的失败，往往并不在于制度本身，而是作为制度运行条件的责任意识出了问题。制度是建立在"责任意识"之上的，如果"责任意识"是一盘散沙，那么建于其上的制度长城就不可能牢固。对于广告业而言，责任意识的内容大体包含行业的诚信意识、行业的规则意识，以及从业人员的角色意识和职业道德等。按照"责任意识"的理论，我们可以发现目前中国广告业层出不穷的伦理失范问题正是源于"责任意识"的缺失，使得整个广告业处于一种难以治理

① 高相泽：《责任伦理：现代社会伦理精神的必然诉求》，《长沙理工大学学报》（社会科学版）2007 年第 1 期。

的状态之中。

中国广告业要想"拨乱反正",最主要的就是在宏观上重建责任意识,使整个广告业进入一个可治理的状态。进入可治理状态本身不是解决问题,却可以使解决问题成为可能。在过去,对于中国广告业的发展变革,我们重视的往往也只是具体制度的变革,而对"责任意识"的建设却很少给予关注,甚至有时秉持机会主义的态度,不惜以无视"责任意识"的方式来获得短期收益,结果便是保障制度有效运作不可缺少的"责任意识"的崩解。因此,在当下的中国广告业,我们应当把"责任意识"的构建作为一个重要任务来加以推进,使整个行业进入可治理的状态。而构建责任意识的关键是要形成能够有效影响和制约广告链条上的每一个主体行为取向的内在结构,建立一种市场经济条件下的利益均衡机制,在这套结构和机制中,诸如广告伦理的规范责任、法律的制约责任、政府的监管责任、行业的自律责任、社会的监督责任、公益广告的教化责任等,都是不可或缺的组成部分,唯有如此,中国的广告伦理才能建构完善。

一 基于伦理责任的商业广告伦理——商业广告道德体系

广告的行业特殊性对其从业者有很高的职业道德和伦理责任要求。建立广告的道德体系,明确广告道德的规范及原则,不仅是广告业发展的内在要求,更是基于伦理责任构建广告道德的重要组成部分。

(一)商业广告的道德规范作用

广告的道德规范,是道德规范在广告活动领域的具体体现。它是指广告主、广告公司和广告媒体在从事广告活动的过程中,应当遵循的基本的社会公德和职业道德。广告与广告伦理规范之间存在密切关系。衡量广告优劣的一个重要因素,就是要看广告是否具备鲜明的文化性、民族性、思想性和艺术性。一则好的广告所具备的这些特性都内化着一个社会道德责任的要求;同时广告在树立良好社会道德责任、构建和谐社会方面,可以发挥其社会教育、文化传播、舆论导向等功能。

1. 对广告活动的调节、指引和评价作用

对于广告活动自身的发展，广告道德规范的作用在于通过对广告活动的调节、指引和评价作用的发挥，调整规范广告活动，促进广告活动主体自觉遵守国家的法律法规和行业自律规则，维护广告业发展、运行的正常秩序，维护广告业良好的外部行业形象。

2. 对广告法律规范的补充作用

广告法律规范为广告活动设定了最低的行为边界。广告活动主体的广告活动不能逾越法律的界限和框架，否则便应当承担相应的法律责任，受到国家广告监管机关的制裁。广告法律规范作用的局限性在于它无法调整大多数合乎法律规范的广告行为。这些广告行为主要依靠广告道德规范。因此，广告道德规范对广告法律规范起到了一定的补充作用。

3. 对广告执法的参照作用

广告监督管理部门在其广告监管过程中，主要以有关的法律法规作为其监管执法的依据，这是依法行政的基本要求。同时在具体的执法过程中，对广告法律规范未明确规定的方面，广告道德规范对广告执法有一定的参照作用。例如，广告监管部门在判断一则广告是否违反了《广告法》规定的"不得含有淫秽、迷信、恐怖、暴力、丑恶内容"的广告准则，对这一规定的执行本身其实是一个对广告进行价值判断和道德评价的过程，从法律法规的层面，很难进一步细化。在实际的操作中，就可以根据社会对某一广告的反映情况，也就是依据社会公众的集体道德评判来判别某广告是否违法，这里社会公众对广告道德规范的认知就对广告执法起到了参照作用。

4. 对社会道德的影响作用

广告道德规范是社会道德规范的有机组成部分之一。广告业自身是一个与社会主义精神文明建设高度相关的特殊产业。广告在传达商品和服务相关信息的同时，对其受众的思想观念也会产生一定的影响，其中公益广告在提升社会道德发展水平和文明程度方面具有重要的意义。因此，对广告的行为和内容都应确立一定的道德规范准则，确保广告的真实性、思想性、艺术性、科学性和民族性等，使广告道德规范在整个社会道德体系中发挥独特的作用。

（二）建立商业广告伦理规约

长期以来，我国在社会规范方面深受传统的"德主刑辅"思想的影响，重视道德规范的作用，而对法律规范在调整社会关系、规范社会成员行为等方面的重要作用则相对忽视。20 世纪 90 年代以来，在社会主义市场经济体制建设的过程中，社会主义法制建设的重要性日益突出，依法治国成为我国的基本治国方略，而社会主义道德体系的建设相对削弱，与社会主义市场经济相适应的道德规范出现了一些真空和盲点，导致社会诚信度的下降、交易成本的上升等，影响着市场经济的发展。因此，在我国大力推进依法治国进程、加强法治建设的同时，习近平提出"四个全面"的思想，切实加强与社会主义市场经济体制相适应的道德体系建设，促进道德规范和法律制度规范两者相辅相成、协调发展，培育和践行社会主义核心价值观是全面依法治国的道德支撑。

在广告道德规范建设方面，出于历史原因，我国的广告业起步较晚，广告道德规范的发展、建设也相对滞后，这在一定程度上制约了我国广告业的深入发展。在广告业发展的实践过程中，广告道德规范的形成和完善显得越来越必要。从某种意义上讲，广告道德规范是广告业快速、持续、健康发展的内在支撑。为此，国家工商行政管理总局印发了《广告活动道德规范》，对广告主、广告经营者、广告发布者和各类市场中介机构参与广告活动的道德规范进行了具体的界定；中国广告协会制定了《广告宣传精神文明自律规则》，并在广告行业中开展"争创广告行业精神文明先进单位"活动。这标志着我国广告道德规范正步入系统化的阶段。

二 基于法律责任的商业广告伦理——商业广告法律体系

广告法律责任，是行为人由于广告违法、违约行为或者由于法律规定而应承担的某种不利的法律后果。广告法律责任具有两个特点：一是承担广告法律责任的最终依据是法律；二是广告法律责任的承担由国家强制力保证。

（一）商业广告法律体系的处罚原则

当广告主或广告经营者、广告发布者不履行广告法律法规规定的义务或实施广告法律法规所禁止的行为时，应承担广告违法行为的行政责任。对违反广告法律法规的广告主或广告经营者、广告发布者，主要由工商行政管理机关依法追究其行政法律责任。工商行政管理机关在查明广告违法事实，查清广告违法种类、情节和危害大小的基础上，在广告法律法规规定的处罚幅度内，实施相应的行政处罚。

1. 处罚法定原则

行政处罚是国家惩罚权的重要方面，是国家经常使用的强制手段和方法，涉及和影响公民、法人、其他组织多方面的权利和利益。为了克服行政处罚的随意性，防止和纠正对行政处罚的滥用，在对广告违法行为的行政责任追究方面，首先应当贯彻处罚法定原则。处罚法定原则是依法行政的要求和体现。《广告法》是我国调整广告经营者、广告发布者、广告主以及消费者之间经济关系的广告基本法。在《广告法》的基础上，我国出台了大量关于广告管理的法规和行政规章，加之早期的《广告管理条例》及其实施细则，已基本形成了广告管理的法律法规体系，我国新《广告法》与《互联网广告管理暂行办法》的出台，弥补了原《广告法》中的诸多不足之处，为保障消费者的合法权益、促进广告行业的和谐发展作出了进一步的努力，为广告违法行为的处罚提供了比较完善的法律依据，也为处罚法定原则的实施奠定了基础。

2. 公正公开原则

公正原则就是国家的广告监督管理机关对公民、法人或其他组织的行政处罚应与其所承担的违法责任相适应。广告监督管理机关应当首先查明广告违法事实和情节，并对违法行为的性质和社会危害程度作出正确判断和评价，然后在此基础上根据法律的规定，按照法定的程序，给予公平的处罚；公开原则要求关于行政处罚的规定必须向社会公开，未经公开的规定，不能作为行政处罚的依据。

3. 行政处罚与说服教育相结合原则

对广告违法行为的处罚，是广告管理法律、法规得以贯彻执行的保障,也是国家强制力的重要体现。行政处罚与说服教育密切相关、相辅相成。就对广告违法行为的行政处罚的目的而言,并非为处罚而处罚,其最终目的在于对违法者以及其他广告活动的参与者进行教育和警戒。即处罚本身包含着深刻的法制教育的内涵。同时新《广告法》等广告法律法规的实施,首先要求广告主和广告经营者、广告发布者自觉遵守,若有违反就要予以处罚,这就是社会主义法律的强制性和遵守法律的自觉性相结合的方法。在此意义上,处罚是主要的手段,教育是必要的方法,两者共同保证广告管理法律法规的有效实施。我国的广告管理法律法规集中反映了广大消费者、广告经营者、广告发布者和广告主的根本利益。因此,一般情况下,他们对广告管理法律法规会自觉地遵守和执行。但是,有些法人或自然人为了个人或小团体的私利,不履行应当承担的义务,不执行广告法律法规的规定,在这种情况下,工商行政管理机关在处罚时要注意说服教育,说明处罚的原因、依据,使被处罚者认识到自己行为的违法性以及给社会造成的不良影响和后果,自觉接受处罚。对于情节轻微、主动承认错误并能及时改正的,可以依法从轻、减轻或免于处罚,予以批评教育。对于必须处罚的,要注意分清情况,区别轻重,慎重处理。在现阶段,各种广告违法行为发生较为频繁,在处理处罚与教育的关系上,既要重视说服教育的作用,又要重视处罚的作用,两者不能偏废,要做到两者的有机结合。在处罚时,辅之以说服教育;在说服教育时,以惩罚作为后盾。

(二) 商业广告法律体系的缺陷

在我国的广告法律体系中,新《广告法》无疑处于"核心"和"灵魂"的地位,具有重大的法律意义。新《广告法》概括起来主要有六个方面的特点:一是对广告主、广告公司和广告媒体的社会职能作出了明确界定,为在广告业中形成科学合理的经营机制指明了方向;二是进一步明确了广告必须履行的社会法律责任;三是充分体现了保护消费者合法权益的原则;四是对广告市场准入与广告经营作了明确规范;五是加大了对广告违法行为的处罚力度;六是新《广告法》同与其不相抵触的广告法规构成了完整的广告法律体系。2015 年 9 月,新《广告法》开始推行后,虽然违法广告活动较 2014 年大幅度减少，但国家工商行政管理总局在 2015 年全年查处的违法广告仍有 24252 件之多。违法广告频出纵然与部分企业见利忘义、媒体发布审查不严格有关，但广告公司作为广告活动的承揽者与实施者仍有不可推卸的责任。广告公司在为广告主与媒体提供双重服务的过程中是否能兼顾社会责任，是广告活动能否规范运作的关键。① 新《广告法》经过实践，也暴露出自身存在的一些问题，主要包括：一是新《广告法》从其法律性质和地位看，应当是我国广告业的部门法，但是从其实际功能和定位看，主要是从国家对广告和广告活动的监督管理角度出发，基本可认为是一部广告的行政管理法或称行政行为法，其中缺失了国家对广告业发展的基本方针、政策的表述，对广告活动主体权利的规定等内容；二是新《广告法》的调整范围仅限于商业广告，回避了对公益广告等非商业广告的管理问题，而后者在社会发展和广告业自身发展方面的重要性日益凸显；三是对广告活动的规范、广告发布标准的规范需要进一步加以明确，并向国际通行标准靠拢；四是对虚假广告的认定和法律责任的承担问题需要进一步加以完善，原有法律责任规定的处罚力度和可操作性存有欠缺。

（三）商业广告法律系统的完善途径

在我国广告法制体系初具雏形的基础上，要结合当前中国广告业发展和广告监督管理的实际情况，及时总结经验教训，积极借鉴国外有价值的政府管理、行业自律、司法介入等广告管理模式和具体规范，对现有的广告法律体系不断加以完善。具体来说，可从以下几方面对现有的广告法律法规进一步加以丰富和完善。

第一，国家完善有关广告业发展和广告管理的基本方针、政策。

第二，制定广告市场交易、竞争规则，明确比较广告、误导广告等的概念。

第三，加大对公益广告等非商业广告的规范力度。

---

① 丛珩、王文芳：《我国本土广告公司实施企业社会责任现状与推行路径研究》，《新闻界》2016 年第 22 期。

第四，增强对新的广告形式和经营方式的规范，如网络广告、新媒体广告等。

第五，进一步完善广告发布标准。

第六，增强对广告活动相关主体，包括广告协会、广告证明机构、调查机构等社会中介组织的规范。

第七，进一步完善法律责任追究制度，加大处罚力度，强化司法程序等。

三　基于监管责任的商业广告伦理——商业广告监管体制

改革开放 40 年来，随着市场经济的繁荣发展，市场营销渠道越来越丰富，特别是网络新媒体的不断发展，对传统的市场交易模式产生了巨大冲击，广告的运作模式和经营方式不断推陈出新。广告主体构成和行业结构的显著变化，网络广告、手机广告等新媒体和媒介催生出的新的经营方式，使广告传播方式大大增多。但是同样由于广告业的广泛性、社会性和超时空性，广告经营的特殊体制及广告执法环境的客观性，对广告的监督管理也一直是个难题，广告失信久禁不止。而广告信用缺失的原因又十分复杂：既有宏观的因素，也有微观的因素；既有体制的障碍，也有管理的漏洞；既有市场主体认识上的偏差，也有外部环境的影响；等等。为减少广告失信行为、规范广告经营活动、维护良好的市场经济秩序，建立和完善广告业监管体制尤为重要。广告监管体制建设是一个社会化工程，需要多管齐下，综合治理。①

现代广告是一个频繁流动的活动，在这样的活动过程中，需要有一个有效、公正的契约第三方执行者来约束人们的行为：强制实行契约，加大不诚信的成本，使诚信成为做事的底线。在中国当下的现实环境中，把广告监管方——政府相关管理部门作为第三方执行者，是唯一的现实选择。如何科学建构监管体制，就成为提升广告伦理水平的重要对策之一。

---

① 江云苏：《构建广告信用监管体系浅思》，《工商行政管理》2004 年第 4 期。

（一）建立三级商业广告监管模式

与庞大的广告主与广告经营者队伍相比，广告监管人员显得相对较少，力量薄弱，只有工商行政管理部门负责广告监督管理工作，既要负责广告市场的准入、广告监测、广告经营者和广告发布者的日常监督管理及违法案件的查处，又要负责户外广告和印刷品广告的登记及违法案件的查处，使广告监管难以全面到位。在当前的情况下，加强监管单纯靠扩充广告监管队伍是不现实的，必须靠深化机构改革下放事权，实行广告监管阵地前移，充分发挥基层工商分局及其工商所属地监管和综合监管优势，挖掘管理潜力，促使广告监管职能到位。要形成三级（即通常指的市局、基层局、工商所）广告监管网络和一个以工商所为依托，以巡查制监管为手段，不断强化机关指导作用的广告监管模式，较好地规范辖区内的广告经营活动。实行三级监管体制，将有力地推进广告监管工作的整体升位，依法进行常态管理。

（二）建立全面的商业广告审查制度

当前，一般商业广告由广告经营者和广告发布者事前审查，特殊商业广告由有关行政主管部门事前审查。一般商业广告的范围比较广泛，因此绝大部分广告事前审查都是由广告经营者和广告发布者担负。由于受经济利益驱使，一些广告经营者和发布者"审而不查"，致使虚假或违法广告堂而皇之地走向各类媒体。以医疗广告为例，仅北京地区户外医疗广告的涉嫌违法率就高达94%，违法的主要原因之一就是审查把关不严。在我国广告管理体制尚不健全的情况下，广告审查的这种"审而不查"，对社会、消费者的危害是非常大的。因此，只有建立全面、独立的广告审查制度，对所有商业或服务广告进行事前审查，使广告管理机关由对广告单一、被动的事后监督变为事前、事中和事后全过程运行机制的管理，才能堵源截流，规范源头。①

（三）设立专业的商业广告监测机构

随着全国广告市场的日益繁荣，广告发布能力和广告监管能力、广告

---

① 杨晋安：《探求广告管理的新途径》，《陕西省经济管理干部学院学报》2003 年第 3 期。

发布手段和广告监管手段之间的差距逐步扩大。以百万计的广告发布量，电视、电台、报纸、网络、印刷品、户外多种广告形式立体覆盖，使广告监督管理忙于应付、陷于被动，针对广告市场发展给广告监管带来的新问题，广告监管手段相对发布手段存在严重不对称，缺乏长效管理机制，是问题的根源。采取与广告发布手段尤其是违法广告发布手段对称的监管手段，建立长效的、日常的监管机制，是解决问题的唯一出路。笔者建议设立专门从事全面日常广告监测的机构，动用现代化手段，对媒介发布的广告实施监测，监测为管理服务，管理为监测提供坚强后盾，使监测与管理得以互动，促使广告监督管理工作不断向深度、广度发展，实现监管工作从被动到主动的转变。①

（四）加强商业广告监管队伍建设

造就一支知法、守法、依法办事的专业化广告管理队伍，严格实行广告审查员资格认证制度，加强职业道德和专业技术的培训，以保证广告审查的质量。同时，通过执法解释、案例培训等方式，统一全国查处虚假违法广告的标准；按照执法准确、透明、高效、公平的原则，打破行业垄断、地区保护，积极取缔和查处广告市场中存在的虚假违法广告和各种不正当竞争行为，维护法律法规的严肃性、统一性。②

四　基于职业责任的商业广告伦理——商业广告行业自律

广告行业自律与广告伦理密切相关。行业自律是行业伦理水平提升的表现，也是进一步提高行业伦理水平的有效手段。广告行业自律是广告业与社会经济发展达到协调一致的一种约束形式，是在广告行业内建立起来的一种自我约束的道德伦理规范，它代表了广告业在发展过程中对规范化的自觉追求。"广告行业自律对于树立广告行业正气，增强广告业的社会责任感，抵制不正当竞争，形成行业的伦理规范，促进广告业的和谐发展

---

① 杨拥军、毛江平、毛觉：《建立管理、监测互动的广告监管体系》，《工商行政管理》2003年第7期。

② 屈建民、吕志诚：《加入WTO后广告监管的应对》，《工商行政管理》2002年第6期。

均起到重要作用。"① 因而，笔者提出如下措施。

（一）积极转变政府的职能

出于历史原因，中国政府一直扮演着无所不包的"万能政府"角色，政府占据着强势资源，能够主动或被动地包办解决大多数问题。在广告领域也是如此，我国一直实行的是政府监管为主、自律管理为辅的广告监管体制，各地的广告协会也都依附于各地工商局。因此，政府行政部门要建立对行业自律的指导工作机制，同时要理清行政管理与行业管理之间的关系，使政府能集中力量搞好行政监督管理，这也有利于削弱广告协会的行政依附性，发挥广告协会的积极性。

（二）强化广告协会自身的建设

广告协会是行业的社会管理组织，是政府管理机关与广告行业之间的纽带和桥梁，发挥着协调作用。为了更好地服务于社会和经济发展，强化服务职能，广告协会必须立足于新的时代背景，在更广阔的范围内自立自强地开展工作。协会必须进一步提升自己的定位，真正成为市场经济中具有组织协调能力、自律作用的有效主体。

首先，要加强与政府的联系，加强与上级行业协会的联系，加强与其他行业协会之间的联系。

其次，要加强各级广告协会对行业经营行为及行业管理深层次问题的研讨，着手建立行业的自律约束机制、解决行业自律的手段问题，重点探讨行业认定的自律性惩戒措施，使行业自律日趋成熟，不断促进广告行业自律工作做到位。②

再次，要充分发挥"指导、协调、服务、监督"的作用，协调内外关系，努力改善广告行业的执业环境。广告协会首先就应该扮演本行业利益代表人的角色，充分表达本行业的利益诉求，甚至不必去考虑自身的利益诉求相对于包括政府在内的其他利益相关方是不是"错的"、"过分的"或

---

① 陈正辉：《广告伦理学》，复旦大学出版社，2008，第281页。
② 刘林清：《论广告行业自律》，《中国工商管理研究》2001年第7期。

者"少数的"。少数人的利益也是利益，也需要被清楚地表达。所以，广告协会要发挥自身的组织优势，协调好协会内外、行业内外的关系，争取社会的理解和支持：要支持会员依法执业，帮助其拓展服务领域；要密切与相关业务主管部门的沟通、协调，为广告市场对外开放政策的制定与实施提供意见和建议；要积极参与广告行业的立法工作，提供法律咨询，维护广大会员及广告从业人员的合法权益，为改善广告行业的执业环境创造有利条件。

（三）提高从业人员的道德水平

要想从根本上实现中国广告业的伦理规范，首先就要从广告从业人员个人的自律入手。从终极意义上说，对广告的管理就是对人的管理，对人的管理最终都要落实到个人的自律方面。其中最重要的就是要加强对广告从业人员关于公民意识的教育。而简单地说，公民意识就是指"相信个人的行动可以造成不同"。因为现实常常令人怀疑，不相信个人的行动可以带来改变。众人都发布虚假广告，个人的自律就显得苍白无力；所有人都在暗箱操作、违规出牌，个人的理性冷静就显得格格不入。实事求是地说，在现实层面，一个人的自律无论是对改善中国广告的运作环境还是对广告从业人员素质的提高的影响确实可以忽略不计，但其中彰显的意义却不可估量，因为只要开始行动，就会有改变，这就是公民意识。公民意识的核心是权利责任意识和科学理性精神[1]——当广告主面对行政监管时，这种意识就是广告主对这项行政权力的认可和监督；当伦理失范的广告投放于社会时，公民意识是对公共利益的自觉维护和积极参与的责任感；特别是当"公共利益"被大多数人所漠视，个人感觉势单力薄的时候，这种行为的责任感尤为可贵。在广告这一公共传播事业中，广告从业者作为一个个独立的行为主体，应该对社会问题表现出一定的主体意识，时刻关注社会的脉搏，在广告的制作和传播中有所为、有所不为。"成熟的公民意识是规范中国广告伦理的主导力量，从某种意义上来说，如果没有公民意识就没有广告，公民意识在一定程度上可以制约或推

---

① 何力：《公民李云威》，《经济观察报》2006 年 6 月 5 日。

动中国广告行业的发展。因此，随着公民意识的不断成熟，广告行业的责任意识也将逐步完善。"①

五　基于社会责任的商业广告伦理——公众道德示范

我们应清醒地认识到，在改革开放和社会主义市场经济条件下，一方面法治观念不断加强，另一方面违法犯罪问题也逐渐增多，原因是新形势下我国社会主义道德建设出现了一些新特点、新情况、新问题，有些人社会公德意识淡薄、职业道德沦丧、家庭美德遗失。现在许多违法犯罪分子之所以触犯法条，根本原因是思想腐朽和道德沦丧，由量变到质变，由违德发展到违法。现在有一种说法德治比法治更难，这是有一定道理的。国家的法律是威严的，带有不可侵犯的强制力，谁触犯了它谁就要受到严厉的制裁；而解决道德方面的问题，就不能也不可能有法律那样的强制力，德治可以解决法治难以处理的问题。因此，大力开展全民道德教育，是非常及时的也是非常必要和完全正确的。②

（一）培育和谐利益关系

公民道德的历史性表现为对优秀传统道德的继承和发扬，时代性表现为对现代文明成果的纳新和适应。在社会主义市场经济条件下，社会主义公民道德继承和发扬了中华民族的传统美德、党领导人民在长期的革命斗争和建设实践中形成的优良道德，同时与时代精神相适应，使公民道德得到升华。来源于优秀传统成果、吸纳现代文明精华形成的道德，对调节人与人、人与社会的利益关系具有巨大的作用。因此，我们进行公民道德教育，不仅要弘扬优秀的传统文化，而且要与先进的文明成果相结合，使社会主义道德建设与社会主义市场经济相适应，从而通过公民道德教育，调节市场经济条件下的利益关系，使人与人、人与社会形成和谐的利益关系，促进社会主义和谐社会的构建。③

---

① 陈正辉：《广告伦理学》，复旦大学出版社，2008，第258页。
② 李萍：《论公民道德的日常性基础》，《江苏社会科学》2003年第6期。
③ 孙春晨：《培育公民道德，构建和谐社会》，《中国社会科学院院报》2005年7月26日。

（二）培育和谐人际关系

随着社会主义市场经济体制的建立以及现代形态的经济和社会的发展，人们的活动环境更加开放，人们的生活方式、交往方式和价值观念、伦理观念都发生了很大的变化，在这种情况下，包括社会公德、职业道德、家庭美德在内的公民基本道德规范的形成和确立更加迫切。全民基本道德规范的确立，在维护公共利益、公共秩序和公民工作秩序、生活秩序、家庭关系、邻里关系，保持社会稳定方面的作用就显得更加重要。推进公民道德建设，要贯穿到社会公德、职业道德、家庭美德的教育之中，积极开展公民道德实践活动，以讲文明、树新风为主题，开展各种有益、有效、鼓舞人、教育人的活动，以可亲、可敬、可信、可学的道德楷模为榜样，让人们受感染、受鼓舞；要坚持从具体事情做起，从群众最关心的事情抓起，与各项业务相结合，与各类人群相结合，贴近基层、贴近群众、贴近生活，让人民群众自己塑造自己，实现自我升华。①

培育和谐人际关系也是社会主义市场经济健康发展的需要。我们知道，市场经济是一种法制经济，同时也是一种信用经济，必须以一定的道德规范为基础。当前在经济领域，以广告界为例，整体运作秩序存在一些问题，信用危机在一定程度上、一定范围内影响了人与人之间的信任，比如虚假广告、零代理广告等，虽然只是发生在一部分地区和一部分人身上，但我们切不可等闲视之，如果解决得不好，就会影响中国广告业的健康发展，影响市场经济秩序，最终影响改革开放的大业。整顿和治理经济秩序，一方面要靠法治，通过加大打击力度和建立健全法律规范体系来完善市场体系，另一方面也必须靠德治，培育人们的道德良心和建立健全道德规范体系，只有在全社会形成良好的道德舆论氛围，经济秩序和人际关系才能更加和谐。

（三）健全道德监督机制

道德是自律与他律的有机统一。加强道德建设，既要引导公民提高自

---

① 朱海林：《公民道德建设与全面建设小康社会》，《经济与社会发展》2005 年第 2 期。

身修养，严于律己，自觉养成良好行为习惯，又要注重加强道德监督，通过卓有成效的监督机制，规范和约束人们的行为，要把建立健全道德监督机制作为开展全民道德教育的一个重要环节来抓。

广告的社会监督主要是通过广大消费者自发成立消费者组织，依照国家广告管理的法律、法规对广告进行日常监督，对违法广告和虚假广告向政府广告管理机关进行举报和投诉，并向政府立法机关提出立法请求和建议。要实现广告社会监督的运作，第一个层次就是要其主体即广大消费者对广告主动发起全方位监督，由此消费者（国民）基本素质的高低对实现第一个层次的目标显然有着至关重要的作用。经济和社会的发展对消费者的基本素质提出了更高的要求，广大消费者只有文化、法律意识等素质得到提高，才会对一些违法广告及违反伦理道德的广告产生敏感排斥，进而主动发挥监督的作用，主动投诉，而不至于无动于衷、熟视无睹。

健全道德监督机制也是实现依法治国、建设社会主义法治国家的需要。法律和道德作为上层建筑的组成部分，都是维护社会秩序、规范人们思想和行为的重要手段，但两者又存在各自不同的特点和作用。法治以其权威性和强制手段规范社会成员的行为；德治以其说服力和劝导力提高社会成员的思想认识和道德觉悟。从维护社会秩序、保障社会稳定的角度来说，法律具有不可缺少的重要作用，没有完备的法律体系，就不可能保证社会主义市场经济的顺利发展。而道德则是用道德教育的手段，通过社会责任感的培养来启迪人们的觉悟、激励人们的情感、强化人们的意志、增强人们的荣辱观念，从而使人们在内心深处形成规范意识。要通过形成广泛的道德舆论、培育良好的道德环境、增强人们的道德责任感，使人们认识到，如果一个人不能履行自己应尽的道德义务或者违反了社会的道德要求，就必定会受到舆论的谴责和公众的批评，甚至招致事业的挫折和失败。[①] 在我国，道德监督机制正是把法治与德治相结合、落实依法治国与以德治国方略的重要举措，即通过加强公民道德建设，提高整个中华民族的思想道德素质，在实现以德治国的同时有力推进依法治国的进程。

同时，改变与当前经济、文化发展不相适应的消费观念和消费行为，

① 黎明勇：《以德治国与道德建设》，《保山师专学报》2004年第3期。

形成以人的身心健康和全面发展为核心的科学消费理念已成为时代的要求。消费者基本素质的提高，也有利于转变消费观念，促进科学消费，提高生活质量，充分发挥消费对生产的促进作用，推动经济发展。经济发展了，人民生活水平才能进一步提高，形成消费促进生产、生产促进消费的良性循环。

健全道德监督机制，就是要发挥道德的社会功能，树立公众的主人翁意识，积极对社会进行规范、教育、引导，使得社会秩序井然，人们举手投足都体现文明，人人都讲道德、有道德。全民道德建设必然有利于国民基本素质的提高，发挥社会监督的作用。以广告业来说，从国外广告业管理的经验教训和我国目前的市场实践来看，实际上大量的广告问题是在社会的监督下，在消费者组织和行业协会的监督、协调下得以解决的。

六 基于公益责任的商业广告伦理——公益型广告引导

公益广告最早出现于 20 世纪 40 年代的美国，也称为公共服务广告、公德广告，属于公共服务领域的非营利性广告，旨在通过广告的形式抵御商业社会中人们过度追逐自我利益而导致的对公共利益的损害。[①] 公益广告与社会的道德规范密切相关。我国的公益广告在宣扬、树立良好的社会道德风尚，启迪、净化人们的心灵等方面发挥着独到的作用，大大促进了社会主义精神文明的建设。正是因为公益广告与道德规范的密切关联性，对公益广告的管理可以视为广告道德规范管理的一个重要组成部分。公益广告在我国尚属亟待扶持和发展的新生事物，在运作程序和方法等方面都有别于一般商业广告。不断摸索、规范公益广告及公益广告监督管理，促进公益广告在我国的发展，对于树立广告业的道德规范，提高广告业的思想、文化的精神内涵，体现广告业的社会责任感，有十分重要的意义。

（一）公益广告的特点

公益广告，顾名思义是出于实现公共利益的目的，对公益事业、公益

---

① 杨淑萍、和平：《公益广告：青少年公共意识培养的助力器》，《教育理论与实践》2017年第 16 期。

观念、公益活动等进行宣传、传播的广告，它是以推广有利于社会的行为规范、道德观念和思想意识为目的的广告传播活动。公益广告一是回归生活，在人们的日常生活中寻找真善美和人的善良本性，并将它们挖掘出来以广告的形式广而告之，激发人们的善良心性，净化人们的心灵；二是广告中充满了情和理，不像商业广告那样只是为了获得观众的好感，公益广告跟观众进行的是情和理的互动，把观众看成了有情感和会思考的活生生的人，把社会道德和公德以另外一种委婉和亲和的形式展现给人们，而不进行强硬的、灌输式的教育。同时还改变了教育者高高在上的姿态，与观众进行朋友式的对话，更容易让观众产生情感上的共鸣。① 公益广告在形式和内容上具有以下特点。

1. 观念性

公益广告从其内容上看，通常均具有强烈的观念倾向性，它所传播的必然是全社会提倡的、符合公众利益的主流的思想观念。几乎所有的公益广告均体现出明确的价值导向，即反对什么、提倡什么。公益广告通过规劝、提醒等向公众传播有益于社会文明和进步的行为方式、思想观念和道德准则，从而优化社会风气，促进社会文明与进步。在中国传统文化日益受到冲击的市场经济社会中，公益广告融入中国传统文化，能够弘扬中国传统文化，让人们深入了解中国传统文化的精髓，使中国优秀传统文化中的价值理念有效地传承下去，进而树立中华民族的光辉形象。② 公益广告就其本质而言，可以认为是一种观念的推销，而商业广告则是商品或服务的推销，这是两者的明显区别之处。公益广告不仅传达着一个时代的道德风尚和社会生态，还是一个国家、一个社会文明水准和大众道德标尺的重要度量。③ 公益广告主要表现了现实生活中的种种问题，而通过对这些问题的剖析和针砭则从另一个侧面彰显了民族精神和价值观念。④ 例如《妈妈洗脚》是一则体现孝心的电视公益广告（见图 5 - 1）。小男孩受到妈妈

① 康逢民：《公益广告如何促进青少年思想政治教育》，《新闻战线》2015 年第 18 期。

② 曹陆军：《电视公益广告中的中国传统文化元素分析》，《当代电视》2016 年第 6 期。

③ 陈保红：《审美视域下公益广告的美学有效性与价值观诉求》，《江西社会科学》2015 年第 3 期。

④ 王荣华：《我国电视公益广告的审美效果及审美特征嬗变》，《当代电视》2017 年第 4 期。

给奶奶洗脚这一行为的感染和熏陶，主动端来洗脚水给妈妈洗脚，不仅故事画面感人，而且对广大电视观众具有重要的引导作用。孩子模仿能力强，父母的身教是孩子最好的老师，而我们要做的就是将这种美好的行为延续。

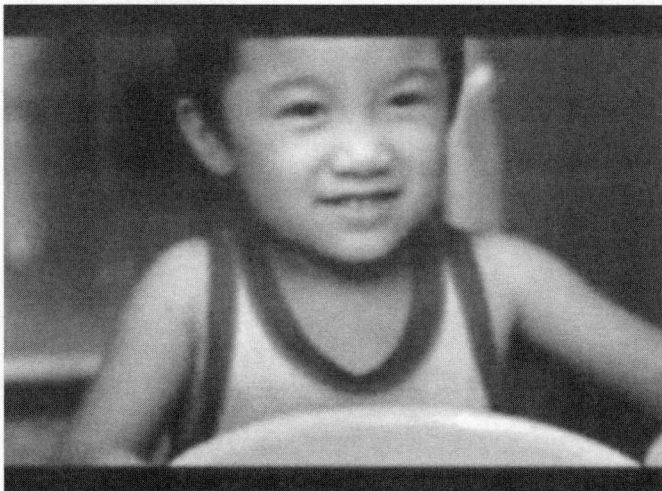

图 5 − 1　《妈妈洗脚》公益广告

资料来源：广告截屏。

2. 公益性

公益广告从其广告目的看是公益性的、非营利性的，这是它与商业广告的根本区别之处。有些商业广告中会加入公益的元素，如许多保健品广告中会演绎一段家人之间相互关爱的动人场景，传达出孝敬父母长辈、家庭和谐幸福等观念，但这些公益性元素在商业广告中与其产品或服务紧密相连，并成为宣传、推销产品或服务的一种辅助手段，而公益广告则纯粹出于公益的目的，与推销商品无关。因此在公益广告中，要对涉及商品的内容严格加以限制，防止公益广告的商业化。

3. 时代性

公益广告往往取材于社会，针对社会的难点、热点问题，而得出正面的观点或普遍性的规律加以传播、倡导，因此许多公益广告都具有鲜明的时代色彩。如邓小平同志视察深圳，深圳市委以这一重大事件为题材，委托广告公司创作了《邓小平同志在深圳》的巨幅公益广告牌，这幅公益广告体现了深圳人民坚持改革开放的决心和对改革开放的总设计师邓小平的热爱，产生了巨大的宣传效应，成为深圳标志性的人文景观；又如四川汶川地震牵动着世界各地华人的心，围绕救助和重建汶川，媒体、企业、广告业、演艺界等社会各界制作公益广告的热情高涨，涌现出了大批相关题材的公益广告作品。以中央电视台为例，其投入了300多万元的公益广告制作费，用以播放这些公益广告的时段价值总额超过了2亿元。

4. 多样性

公益广告的多样性也可被称为广泛性，体现为其创作的主题、内容，发布的媒体形式，以及参与的主体的多样性。从公益广告创作的内容上看，可以涉及时代性的主题如社会的再就业工程等，民族性主题如中华传统美德等，永恒性主题如环境保护等；从公益广告发布的媒体形式看，除了采用传统的电视、杂志、报纸、广播等大众传播媒体外，还普遍采用户外媒体，比如灯箱、候车亭、电话亭、车身、招贴、布幅、雕塑等，以及宣传册、磁卡、票证等。这为公益广告的传播提供了众多媒介。随着网络和新媒体的发展，还出现了网络和新媒体公益广告。

（二）公益广告的问题

在我国，公益广告的制作和播出一直被忽略。制约公益广告发展的原因主要有以下几点。

1. 公益广告的整体发展水平不高

我国的公益广告，从"量"上看，虽然绝对数量增长较快，但与广告营业额大幅度增长的态势不相符（国外一些发达国家的公益广告总数已占社会广告总数的10%以上）；从"质"上看，公益广告的创意水平虽有很大提高，但总体上看，还处在题材不广，内容图解化、标语化的低层次阶段，给人留下深刻印象的、有影响力的精品不多；同时，公益广告中还存在公益广告商业化的不良倾向。一些商业广告为了达到其商业宣传的目的，借公益广告的形式，突破商业广告发布方面的限制，即以公益广告之名，行商业广告之实，导致了公益广告的异化。这在烟草制品、性保健产品、处方药等限制或禁止发布广告的商品宣传方面，表现较为明显。

2. 对公益广告的投入缺乏机制上的保证

对于公益广告，各单位还处在可做可不做，可多做也可少做的状态。尤其对于企业而言，由于公益广告不能带来直接的经济效益，一般缺乏投入的热情。尽管政府部门就公益广告的制作、发布，对广告经营单位及企业作了一些规定，但这些临时性、政策性规定的约束力是有限的，企业等单位主要还是凭自身的社会责任感以及从企业的长远发展、树立良好的企业形象来考虑参与公益广告活动。从整体上看，对公益广告投入缺乏机制上的保证，是我国公益广告事业难以步入良性运作发展机制的根本症结。

3. 公益广告的规范管理仍有待进一步深化

应当肯定，我国对公益广告的规范管理也进行了一些成功的探索、尝试，工商行政管理等政府部门倡导并组织开展了公益广告月、公益广告评奖、展播等活动，规定了公益广告发展的一些政策和措施，使短期内公益广告形成了热潮。但从长远来看，如何使我国公益广告事业走上规范化的良性发展道路，有关政府部门还需进一步探索新的管理手段、方式、方法，使监管不断深化。目前作为规范我国广告活动的部门法《广告法》，其规范的对象仅限于商业广告，而未将公益广告纳入规范的范畴，对公益广告的监督管理尚未纳入法制化的轨道。

（三）公益广告的发展

公益广告的发展在某种程度上可以视为社会文明进步的缩影，同时它也是广告业自身发展水平的重要体现。思考我国公益广告的发展及对公益广告的监管、规范可知，其发展的途径和方向从根本上讲，最终是要促进我国的公益广告的良性运作、发展机制的健全。这是公益广告发展的保证，也是公益广告监管的基本方向。

1. 适应社会发展要求，提高社会对公益广告的认识和重视

公益广告的发展离不开其所处的社会大环境的发展，并受其制约。从我国经济和社会的发展状况看，我国社会主义市场经济正向纵深方向发展，人民的生活水平得到提高，以德治国的观念深入人心。在这样的大环境下，社会的公益意识日益提高，越来越多的企业、政府部门、社会团体等有意识地采用广告这种手段去达到公益事业宣传和推广的目的。当前要

适应社会发展的要求，进一步引导社会各界加深对公益广告的认识、提高参与度，这是公益广告深入发展的前提。

2. 整合社会资源，优化公益广告的社会资源配置

公益广告的社会资源包括公益广告的作品资源、公益广告发布的媒介资源、公益广告的资金资源等。要对上述公益广告的资源进行整合，在大范围内对公益广告的社会资源优化配置，降低公益广告的成本，放大公益广告的效益。以此为出发点，可以考虑在公益广告领域实行广告代理制，以合理的专业分工协作使公益广告的创作水平得到大幅度提升。应注重发动社会力量，如发动高校广告专业学生这支创作队伍的力量，形成优秀公益广告作品的储备。应考虑如何采取措施，统一媒介免费发布公益广告的时间或版面，以确保公益广告及时、集中而有效地刊播。

3. 积极筹措公益广告的资金，形成公益广告资金的"蓄水池"

缺乏稳定、持续的资金来源和投入是公益广告发展的"瓶颈"所在。积极筹措公益广告的资金，形成公益广告资金的"蓄水池"是公益广告发展的关键。企业是我国公益广告投入的主体，为此政府应出台鼓励性政策，对参与公益广告的企业在税收、企业资质等方面给予一定的政策优惠，从制度上提高企业参与公益广告活动的主动性、自觉性；同时也可以对企业的广告行为作出强制性规定，如规定企业的年度广告费用中，公益广告必须达到一定的比例，不达标准，则进行处罚，或以税收手段对商业广告课税，税款用于建立公益广告基金，同时接受、吸纳社会各界对公益广告的自愿资助。

参考文献

中文专著

[1] 李建华：《道德情感论——当代中国道德建设的一种视角》，湖南人民出版社，2001。

[2] 李建华：《道德秩序》，湖南人民出版社，2008。

[3] 徐建军：《大学生网络思想政治教育理论与方法》，人民出版社，2010。

[4] 徐建军：《大学生思想政治教育前沿》，湖南人民出版社，2009。

[5] 曾钊新：《道德认知》，湖南人民出版社，2008。

[6] 曾钊新：《伦理十讲》，湖南教育出版社，2006。

[7] 吕锡琛：《道家与民族性格》，湖南人民出版社，1996。

[8] 左高山：《政治暴力批判》，中国人民大学出版社，2010。

[9] 陈正辉：《广告伦理学》，复旦大学出版社，2008。

[10] 李淑芳：《广告伦理研究》，中国传媒大学出版社，2009。

[11] 李小勤：《广告伦理》，山东教育出版社，1998。

[12] 张燕：《风险社会与网络传播》，社会科学文献出版社，2014。

[13] 汤晓芳：《大数据时代媒体广告经营模式融合与嬗变》，江西人民出版社，2016。

[14] 黄传武：《新媒体概论》，中国传媒大学出版社，2015。

[15] 郭斌：《新媒体广告营销案例集》，经济管理出版社，2016。

[16] 李斌：《广告精准投放：移动互联网时代的广告投放策略》，中国经济出版社，2017。

[17] 邓小兵、冯渊源：《网络广告行政监管研究》，人民出版社，2014。

[181] 朱海松：《移动互联网时代国际 4A 广告公司媒介策划基础》，中国

邮电出版社，2015。

[19] 徐岱：《审美正义论——伦理美学基本问题研究》，浙江工商大学出版社，2014。

[20] 陈旭辉：《互联网情境下的传播机制研究》，人民邮电出版社，2014。

[21] 孙黎、徐凤兰：《新媒体广告》，浙江大学出版社，2015。

[22] 康初莹：《新媒体广告》，华中科技大学出版社，2016。

[23] 朱江丽：《全媒体整合广告策略与案例分析》，中国人民大学出版社，2017。

[24] 常松、胡婧：《新媒体传播与舆论引导》，安徽师范大学出版社，2016。

[25] 李义天：《美德伦理学与道德多样性》，中央编译出版社，2012。

[26] 张玲：《新媒体广告》，西南师范大学出版社，2016。

[27] 钟瑛：《新媒体社会责任蓝皮书》，社会科学文献出版社，2016。

[28] 余清楚：《移动互联网蓝皮书》，社会科学文献出版社，2017。

[29] 唐绪军：《新媒体蓝皮书》，社会科学文献出版社，2017。

[30] 王晓红：《设计产业蓝皮书》，社会科学文献出版社，2016。

[31] 陈汝东：《传播伦理学》，北京大学出版社，2006。

[32] 《马克思恩格斯全集》，人民出版社，1979。

[33] 刘林清：《广告监管与自律》，中南大学出版社，2003。

[34] 吴国盛：《社会转型中的应用伦理学》，华夏出版社，2004。

[35] 余明阳、姜炜：《广告经典案例》，安徽人民出版社，2003。

[36] 卢风：《应用伦理学》，中央编译出版社，2004。

[37] 陈询：《广告道德与法律规范教程》，中国人民大学出版社，2002。

[38] 杨同庆：《广告监督管理》，北京工业大学出版社，2003。

[39] 褚霓霓：《广告法实例说》，湖南人民出版社，2000。

[40] 王方华：《营销伦理》，上海交通大学出版社，2005。

[41] 高朴：《道德营销论》，江苏人民出版社，2005。

[42] 丁俊杰：《和谐与冲突》，中国传媒大学出版社，2006。

[43] 杜骏飞：《弥漫的传播》，中国社会科学文献出版社，2002。

[44] 陈绚：《新闻传播伦理与法规教程》，中国传媒大学出版社，2006。

[45] 魏永征：《西方传媒的法制、管理和自律》，中国人民大学出版社，2003。

[46] 刘凡:《中国广告业监管与发展研究》,中国工商出版社,2007。

[47] 张金花、王新明:《广告道德研究》,中国物价出版社,2003。

[48] 周中之:《消费伦理》,河南人民出版社,2002。

[49] 李小勤:《广告伦理——面对难以躲避的诱惑》,山东教育出版社,1998。

[50] 陈绚:《广告道德与法律规范教程》,中国人民大学出版社,2002。

[51] 李建立:《广告文化学》,北京广播学院出版社,1998。

[52] 陈培爱:《中外广告史——站在当代视觉的全面回顾》,中国物价出版社,1997。

[53] 万俊人:《道德之维——现代经济伦理导论》,广东人民出版社,2000。

[54] 艾四林、安仕侗:《伦理学与价值论的基本问题》,中国城市出版社,2002。

[55] 锐博慧:《国际经济伦理》,北京大学出版社,2002。

[56] 万俊人主讲、张彭松整理《义利之间——现代经济伦理十一讲》,团结出版社,2003。

[57] 何修猛:《现代广告学》,复旦大学出版社,1996。

[58] 王晓:《欲望窗花——当代中国广告透视》,中央编译出版社,2004。

[59] 罗明宏:《不实广告案例解读》,中国政法大学出版社,2003。

[60] 李泽厚:《中国古代思想史论》,安徽文化出版社,2003。

[61] 万俊人:《思想前沿与文化后方》,东方出版社,2002。

[62] 李泽厚:《伦理学纲要》,人民出版社,2010。

[63] 陈来:《传统与现代》,三联出版社,2009。

[65] 王海明:《新伦理学》,商务印书馆,2001。

[66] 王海明:《伦理学原理》,北京大学出版社,2009。

[67] 刘庆振、赵磊:《计算机广告学》,人民日报学术文库,2017。

译著

[1] 温斯顿·费莱彻:《广告》,张罗、陆赟译,译林出版社,2016。

[2] 马丁·李斯特等:《广告》,吴炜华、付晓光译,译林出版社,2016。

[3] 理查德·T. 德·乔治:《经济伦理学》,李布译,北京大学出版社,2002。

[4] 威廉·阿伦斯:《当代广告学》,丁俊杰等译,华夏出版社,2000。

［5］ 约翰·罗尔斯:《正义论》,何怀宏等译,中国社会科学出版社,1988。

［6］ 理查德·麦尔文·黑尔:《道德语言》,万俊人译,商务印书馆,2005。

［7］ 亚当·斯密:《道德情操论》,蒋自强等译,商务印书馆,1997。

［8］ 苏特·杰哈利:《广告符码》,马姗姗译,中国人民大学出版社,2004。

［9］ 亨廷顿:《文明的冲突与世界秩序的建立》,周琪等译,新华出版社,2002。

［10］ 休谟:《人性论》(上、下),关文运译,商务印书馆,2005。

［11］ 康德:《实践理性批判》,邓晓芒译,人民出版社,2004。

［12］ 康德:《纯粹理性批判》,邓晓芒译,人民出版社,2010。

期刊论文

［1］ 徐鸣、徐建军:《论新媒体的技术特性与新发展理念的耦合》,《湖南科技大学学报》(社会科学版)2017年第3期。

［2］ 徐鸣、童卡娜:《新媒体时代跨文化传播的全球伦理构建》,《中南大学学报》(社会科学版)2016年第2期。

［3］ 雷春轶、徐鸣:《浅析视觉流程的四特性》,《中国包装工业》2015年第18期。

［4］ 徐鸣、孙湘明:《责任伦理视角下的网络广告探究》,《装饰》2015年第9期。

［5］ 徐建军、徐鸣、童卡娜:《把握舆论引导清朗网络空间》,《经济日报》2014年5月。

［6］ 徐鸣、李建华:《亚里士多德的中道思想研究》,《湖南科技大学学报》(社会科学版)2013年第3期。

［7］ 徐鸣、李建华:《商业广告的伦理缺失及其反思》,《伦理学究》2013年第3期。

［8］ 徐鸣、李建华:《论广告的道德评价》,《求索》2012年第12期。

［9］ 徐鸣、徐建军:《民族大学生思想道德教育的三特性》,《现代大学教育》2011年第3期。

［10］ 徐鸣、徐建军:《民族大学生思想政治教育的特性》,《高校辅导员》2011年第2期。

[11] 童卡娜、黄东军、徐鸣:《音乐可视化及其研究进展》,《计算机仿真》2008年第1期。

[12] 黄美纯、徐鸣:《推进国家助学贷款与创新诚信教育》,《现代大学教育》2007年第6期。

[13] 徐建军、徐鸣:《论大学生创业与创业教育》,《湖南人文科技学院学报》2007年第2期。

[14] 孙湘明、徐鸣:《浅析城市品牌系统架构》,《国外建材科技》2006年第6期。

[15] 刘佳佳:《广告文本的三重逻辑——以"我们恨化学"广告为例》,《编辑之友》2018年第3期。

[16] 白超、韩跃红:《我国人工流产广告的现状及其伦理审视》,《昆明理工大学学报》(社会科学版)2017年第5期。

[17] 龙丽:《央视公益广告的人文情怀对公民道德的提升》,《新闻线》2017年第20期。

[18] 饶广祥、刘玲:《从符合论到社群真知观:广告真实的符号学分析》,《国际新闻界》2017年第8期。

[19] 朱海林:《安全套广告的伦理争议与改革策略》,《昆明理工大学学报》(社会科学版)2017年第4期。

[20] 杨淑萍、和平:《公益广告:青少年公共意识培养的助力器》,《教育理论与实践》2017年第16期。

[21] 刘斐:《电视媒体对中华文化的表现形式分析》,《中国广播电视学刊》2017年第5期。

[22] 王荣华:《我国电视公益广告的审美效果及审美特征嬗变》,《当代电视》2017年第4期。

[23] 卢照:《公益广告的叙事与交往行为构建——以2008~2015年公益广告黄河奖获奖作品为鉴》,《电视研究》2016年第12期。

[24] 丛珊、王文芳:《我国本土广告公司实施企业社会责任现状与推行路径研究》,《新闻界》2016年第22期。

[25] 戴世富、赵思宇:《隐性与隐私:原生广告的伦理反思》,《当代传播》2016年第4期。

[26] 曹陆军：《电视公益广告中的中国传统文化元素分析》，《当代电视》 2016 年第 6 期。

[27] 陈瑞：《近代广告行业自律与政府监管略论》，《贵州社会科学》 2016 年第 6 期。

[28] 郑蓓：《试论儿童广告的伦理缺失与社会责任》，《中国广播电视学 刊》2016 年第 6 期。

[29] 孟茹：《美国在线行为广告的自律规制研究》，《新闻界》2016 年第 10 期。

[30] 卢智慧：《我国企业营销道德失范问题及其治理对策》，《改革与战 略》2016 年第 2 期。

[31] 成娟：《中国传统文化元素在电视广告创意中的运用》，《当代视》 2015 年第 11 期。

[32] 祝帅：《麦迪逊大道和耶路撒冷有何相干：李尔斯关于美国广告文化 起源的新教伦理阐释》，《国际新闻界》2015 年第 37 卷第 11 期。

[33] 朱荣清、王禹明：《新媒体环境下公益广告中的人文关怀研究》，《大 舞台》2015 年第 11 期。

[34] 康逢民：《公益广告如何促进青少年思想政治教育》，《新闻线》 2015 年第 18 期。

[35] 郭欣欣：《现代广告设计中对中国传统文化理念的运用》，《四川戏 剧》2015 年第 6 期。

[36] 邵亮：《让道德成为电视广告的正能量》，《当代电视》2015 年第 4 期。

[37] 李蓉、张晓明：《电视植入式广告的媒介伦理与合法性问题》，《电视 研究》2010 年第 1 期。

[38] 高相泽：《责任伦理：现代社会伦理精神的必然诉求》，《长沙理工大 学学报》（社会科学版）2007 年第 1 期。

[39] 钱敏、王丹：《公益广告纯粹性与商业性冲突的化解研究》，《传媒》 2014 年第 16 期。

[40] 薛双芬：《论"中国元素"在广告创意中出现的问题及对策》，《学 理论》2015 年第 13 期。

[41] 丁红、高瑛：《试论新时期广告中的社会价值取向》，《太原大学学报》2005 年第 1 期。

[42] 刘晓琴：《浅谈广告伦理道德和社会责任》，《广告大观》（综合版）2006 年第 10 期。

[43] 周中之：《广告的社会伦理责任》，《吉首大学学报》2006 年第 1 期。

[44] 王甫勤：《社会学视野下的广告伦理》，《东南大学学报》2005 年第 S1 期。

[45] 施祖军：《论我国商业广告的底线伦理》，《湖南社会科学》2005 年第 5 期。

[46] 黄琴：《论公益广告的伦理价值》，《前沿》2006 年第 11 期。

[47] 吴瑛：《从广告处罚看广告法条文的滞后》，《新闻记者》2007 年第 10 期。

[48] 刘慧磊、陈正辉：《明星广告失范表现及治理对策研究》，《创意研究》2006 年第 1 期。

[49] 孙鹏志：《当代中国大陆儿童商业广告中的大的问题初探》，《商务营销》2007 年第 6 期。

[50] 金书羽、陈正辉：《广告的德性》，《广告大观》（理论版）2007 年第 10 期。

[51] 周中之、吴欢喜：《广告的社会伦理责任》，《吉首大学学报》2006 年第 1 期。

[52] 谢加封：《广告的德性——当前广告伦理失范的思考》，《内蒙古农业大学学报》2007 年第 6 期。

学位论文

[1] 高兴：《设计伦理研究》，江南大学博士学位论文，2012。

[2] 徐鸣：《道义论视域中的商业广告伦理构建》，中南大学博士学位论文，2012。

[3] 杨慧丹：《设计迷途》，中央美术学院博士学位论文，2012。

[4] 杨海军：《广告舆论传播研究》，复旦大学博士学位论文，2011。

[5] 邬盛根：《中国公益广告的价值实现：公共性视角》，武汉大学博士学

位论文，2014。

[6] 席琳：《我国网络广告监管研究》，吉林大学博士学位论文，2017。

[7] 皇甫晓涛：《二十世纪美国广告创意观念的流变与价值研究》，上海大学博士学位论文，2017。

[8] 郤明：《批评理论视角下广告文化的哲学解读——意识形态传播模式在广告文化领域的应用研究》，上海大学博士学位论文，2017。

[9] 李雅波：《文化交往视角下中文商业广告英译研究》，上海外国语大学博士学位论文，2014。

[10] 许敏玉：《商业视域下广告审美研究》，吉林大学博士学位论文，2013。

[11] 屈雅利：《中国当代商业广告的审美文化透视（1979－2015）》，西北大学博士学位论文，2016。

[12] 张弛：《论社会变迁与中国电视公益广告的发展（1978－2012）》，湖南师范大学博士学位论文，2014。

英文原著

[1] Wilkinson, J., Grant, A. E., Fisher, D. J., *Principles of Convergent Journalism*, Oxford University Press, 2012.

[2] Spupgeon, C., *Advertising and New Media*, London：Routledge, 2007.

[3] Joacim, T., "Paying to Remove Advertisements," *Information Economics & Policy*, 2009, 21 (4)：245－252.

[4] Drumwright, M. E., Murphy, P. E., "The Current State of Advertising Ethics：Industry and Academic Perspectives," *Journal of Advertising*, 2009, 38 (1)：83－108.

[5] Neff, J., "Ad Industry Battles Back against Bad Rep, Forms Ethics Institute," *Advertising Age*, 2010, 81：23.

[6] Flew, T., *New Media*, Melbourne：OUP Australia & NEW Zealand, 2005.

后 记

本书的顺利出版得益于本人承担的"国家社会科学基金艺术学项目（12CG102）"及"湖南省哲学社会科学重点项目（12ZDB085）"的立项和资助，亦是上述两项目研究成果之一和全国首本起此名称的专著。

在本书即将付梓之际，特别要感谢李建华教授、孙湘明教授、徐建军教授的悉心指导，还要感谢夫人童卡娜和母亲黄美纯在背后给予的全力支持和默默奉献，以及参与本书相关课题研究的雷春轶、王明瑞、栗宗爱等研究生所做的资料收集与汇总工作。在本书的编写过程中，本人参考了国内外许多学者的相关研究成果，并在书中作注和书后列出了主要参考文献，在此一并向他们表示感谢。限于水平，书中难免有不妥之处，敬请同行专家、学者和广大读者批评指正。

图书在版编目（CIP）数据

　　商业广告伦理构建／徐鸣著.-- 北京：社会科学
文献出版社，2018.8（2022.8 重印）
　　ISBN 978 - 7 - 5201 - 3157 - 5

　　Ⅰ.①商…　Ⅱ.①徐…　Ⅲ.①商业广告 - 伦理学 - 研
究　Ⅳ.①B82 - 053

　　中国版本图书馆 CIP 数据核字（2018）第 166462 号

商业广告伦理构建

著　　者／徐　鸣

出 版 人／王利民
项目统筹／曹义恒
责任编辑／曹义恒　刘　翠
责任印制／王京美

出　　版／社会科学文献出版社·政法传媒分社（010）59367156
　　　　　　地址：北京市北三环中路甲 29 号院华龙大厦　邮编：100029
　　　　　　网址：www. ssap. com. cn
发　　行／社会科学文献出版社（010）59367028
印　　装／唐山玺诚印务有限公司

规　　格／开　本：787mm × 1092mm　1/16
　　　　　　印　张：14.25　字　数：226 千字
版　　次／2018 年 8 月第 1 版　2022 年 8 月第 2 次印刷
书　　号／ISBN 978 - 7 - 5201 - 3157 - 5
定　　价／79.00 元

读者服务电话：4008918866